中国蜜蜂资源与利用丛书

中国蜜蜂种质资源

Honeybee Resources in China

冯 毛 编著

中原农民出版社

· 郑州 ·

图书在版编目（CIP）数据

中国蜜蜂种质资源 / 冯毛编著 . —郑州：中原农
民出版社，2018.9
（中国蜜蜂资源与利用丛书）
ISBN 978-7-5542-1997-3

Ⅰ . ①中… Ⅱ . ①冯… Ⅲ . ①蜜蜂 – 种质资源 – 中国
Ⅳ . ① S893

中国版本图书馆 CIP 数据核字（2018）第 191842 号

中国蜜蜂种质资源

出 版 人　刘宏伟
总 编 审　汪大凯

策划编辑　朱相师
责任编辑　张云峰
责任校对　肖攀锋
装帧设计　薛　莲

出版发行　中原出版传媒集团　中原农民出版社
　　　　　　（郑州市经五路66号　邮编：450002）
电　　话　0371-65788655
制　　作　河南海燕彩色制作有限公司
印　　刷　北京汇林印务有限公司
开　　本　710mm×1010mm　1/16
印　　张　12
字　　数　131千字
版　　次　2018年12月第1版
印　　次　2018年12月第1次印刷

书　　号　978-7-5542-1997-3
定　　价　88.00元

前 言
Introduction

　　中国是世界上头号养蜂大国。现阶段，我国饲养的蜂群数量约为 900 万群，其中西方蜜蜂约 600 万群，中华蜜蜂约 300 万群。蜂产品行业年总产值超过 200 亿元，每年蜜蜂为农作物授粉的经济价值高达 3 042 亿元，相当于全国农业总产值的 12.3%。据估算，到 21 世纪 30 年代，我国的蜂群数量将接近 1 200 万群，蜜蜂授粉所带来的附加产值将达 6 500 亿～ 8 000 亿元，可以同时解决约 40 万人的就业问题。

　　我国的蜜蜂资源十分丰富，世界公认的 9 种蜜蜂在我国境内分布的就有 6 种。我国养蜂活动历史悠久，源远流长，在多年的研究和生产实践中又培育出一大批优良的地方品种（品系）。同时我国是中华蜜蜂的发源地。近年来，在国家蜂产业技术体系的大力支持下，在国内蜂业主管部门、蜂学专家、科研人员和养蜂从业人员的共同努力和积极推动下，我国的养蜂业获得了长足的发展，正朝着规模化、机械化、健康高效的现代模式稳步推进。但同时也面临着部分蜜蜂种质资源濒临灭绝、亟待保护性发掘利用的严峻现实。而对我国蜜蜂种质资源的系统、全面的认识，是对蜜蜂种质资源的

有效保护、充分利用与改良的前提和基础。因此，本书分 5
个专题着重介绍了我国蜜蜂种质资源的起源、演变及品种的
形成、保护和利用情况，并较为详细地介绍了各个蜜蜂品种
（品系）的主要地理分布、形态特征和生物学特性、研究及
利用现状等，以期为读者提供依据和参考。

本书的编写得到国家现代蜂产业技术体系（CARS-
44-KXJ14）和中国农业科学院科技创新工程项目
（CAAS-ASTIP-2015-IAR）的大力支持。

本书在编著过程中力求做到全面、准确，但限于自身
的学识水平，难免产生疏漏和错误，敬请读者批评指正。
另外，在本书的编写过程中引用了一些宝贵照片，在此表
示感谢。

编者

2018 年 3 月

目 录
Contents

专题一 导论 001

一、蜜蜂分类地位 002

二、中国蜜蜂的形成 007

三、中国蜜蜂遗传资源状况 016

专题二 地方品种 023

一、北方中蜂 024

二、华南中蜂 029

三、华中中蜂 034

四、云贵高原中蜂 039

五、长白山中蜂 045

六、海南中蜂 050

七、阿坝中蜂 057

八、滇南中蜂 063

九、西藏中蜂 067

十、浙江浆蜂 072

十一、东北黑蜂 077

十二、新疆黑蜂 085

十三、珲春黑蜂 093

专题三 培育品种 097

一、喀（阡）黑环系蜜蜂品系 098

二、浙农大 1 号意蜂品系 102

三、白山 5 号蜜蜂配套系 106

四、国蜂 213 配套系 111

五、国蜂 414 配套系   114

六、松丹蜜蜂配套系   118

七、晋蜂 3 号配套系   120

专题四　引入品种   125

一、意大利蜂   126

二、美国意大利蜂   130

三、澳大利亚意大利蜂   134

四、卡尼鄂拉蜂   138

五、高加索蜂   142

六、安纳托利亚蜂   146

七、喀尔巴阡蜂   149

八、塞浦路斯蜂   152

专题五　其他遗传资源   155

一、大蜜蜂   156

二、小蜜蜂   158

三、黑大蜜蜂   161

四、黑小蜜蜂   163

五、熊蜂   165

六、无刺蜂   169

七、切叶蜂   172

八、壁蜂   175

附件　我国主要的蜜蜂育种机构、育种场、种蜂场及蜜蜂保护区   179

主要参考文献   180

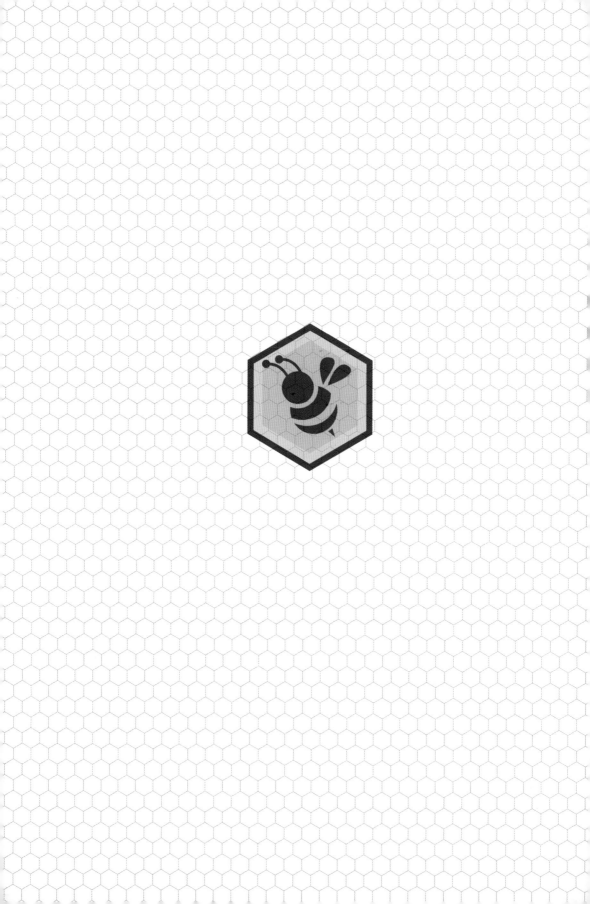

专题一
导　　论

　　蜜蜂在分类学上属于节肢动物门，昆虫纲，膜翅目，蜜蜂科，蜜蜂属，共 9 个种。有关蜜蜂的起源，最新的研究表明，西方蜜蜂可能起源于大约 30 万年以前的亚洲，而不是之前认为的非洲。而起源于我国的中华蜜蜂，在长期的选择进化过程中，形成了适应我国不同地域特色的 5 个生态型。引进的西方蜜蜂，经过不断的杂交选育，培育出了浙江浆蜂、东北黑蜂等具有优良生产性能的蜜蜂地方品种，形成了西方蜜蜂为主，中华蜜蜂为辅，各地方品种交相辉映的蜂业发展格局。

一、蜜蜂分类地位

蜜蜂在分类学上属于节肢动物门（Arthropoda），昆虫纲（Insecta），膜翅目（Hymenoptera），细腰亚目（Apocrita），针尾部（Aculeata），蜜蜂总科（Apoidea），蜜蜂科（Apinae），蜜蜂亚科（Apinae），蜜蜂属（*Apis*）。

蜜蜂总科是膜翅目昆虫中进化程度较高的类群之一，其种类繁多，全世界已记载的有 20 000 多种，中国有 1 000 多种。

蜜蜂总科下分为蜜蜂科（Apidae）、地蜂科（Andrenidae）、切叶蜂科（Megachilidae）、分舌蜂科（Colletidae）、短舌蜂科（Stenotritidae）、隧蜂科（Halictidae）、准蜂科（Melittidae）7 个科，在中国分布的有 6 个科。蜜蜂科下分为蜜蜂亚科（Apinae）、花蜂亚科（Anthophrinae）、木蜂亚科（Xylocopinae）、腹刷蜂亚科（Fideliinae）、芦蜂亚科（Ceratininae）5 个亚科。蜜蜂亚科下又可分为蜜蜂属（*Apis*）、熊蜂属（*Bombus*）、无刺蜂属（*Trigona*）、麦蜂属（*Melipona*）等多个属。

（一）蜜蜂的种类

1758 年，林奈（C. Linnaeus）首次记载蜜蜂第一个属（*Apis*）和第一个种（*Apis mellifera* L.）。

1980 年，由于采集标本的范围对蜜蜂生物学的研究限制和有些蜜蜂新种类的证据不足等原因，当时世界公认的蜜蜂属种类只有 4 种，即大蜜蜂（*Apis dorsata* Fabricius）、小蜜蜂（*Apis florea* Fabricius）、东方蜜蜂（*Apis cerana* Fabricius）和西方蜜蜂（*Apis mellifera* Linnaeus）。

1985 年，中国的学者对来自云南的 6 种蜜蜂进行形态学、生物学、生态学、昆虫地理学、细胞遗传学和分子生物化学等对比研究后认定，黑大蜜蜂（*Apis laboriosa* Smith）和黑小蜜蜂（*Apis andreniformis* Smith）是独立的蜂种，并确定了它们的分类地位。

1988 年，国外的学者又确立了沙巴蜂（*Apis koschevnikovi* Buttel-Reepen）为独立的蜂种，至此，世界上确立了蜜蜂为 7 个种。

1998 年，德国的尼古拉夫妇（Koeniger and Koeniger's）和马来西亚的丁格（Tingek）报道了他们发现的一个蜜蜂新种——绿努蜂（*Apis nulunsis* Tingek Koeniger and Koeniger）；同年，G. W. Otis and S. Hadisoesilo 经过多年的形态学和生物学对比研究，确立了分布于印度尼西亚苏拉威西岛和菲律宾的苏拉威西蜂 *Apis nigrocincta*（Smith）为一个独立蜂种。至此，学术界比较一致的看法是，蜜蜂属现生存的蜜蜂种类已达 9 种，自然分布于亚洲、欧洲和非洲。分别为：

①大蜜蜂 *Apis dorsata* Fabricius, 1793。

②小蜜蜂 *Apis florea* Fabricius, 1787。

③黑大蜜蜂 *Apis laboriosa* Smith, 1871。

④黑小蜜蜂 *Apis andreniformis* Smith, 1858。

⑤沙巴蜂 *Apis koschevnikovi* Buttel-Reepen, 1906。

⑥绿努蜂 *Apis nulunsis* Tingek, Koeniger and Koeniger, 1996。

⑦东方蜜蜂 *Apis cerana* Fabricius, 1793。

⑧西方蜜蜂 *Apis mellifera* Linnaeus, 1758。

⑨苏拉威西蜂 *Apis nigrocincta* Smith, 1861。

在蜜蜂属中能够人工饲养的蜜蜂主要有两种，分别是东方蜜蜂和西方蜜蜂，它们是蜜蜂属中两个不同的物种，在野生和饲养中分别形成了许多亚种（品种）或类型。

在蜜蜂总科中能够饲养利用的还有熊蜂属、无刺蜂属、切叶蜂属、壁蜂属等属的蜂，有些蜂种是经济作物优秀的传粉昆虫，并且种类较多。

（二）蜜蜂的起源

随着各地蜂类化石的发现和蜜蜂起源研究水平的提高，人们对蜜蜂起源的认识逐渐深化。目前，蜜蜂起源有多种说法，有的认为蜜蜂起源于亚洲热带地区，有的认为蜜蜂起源于亚洲中国华北古陆，还有的认为蜜蜂起源于非洲，三次走出非洲，散播到全世界。然而来自瑞典乌普萨拉大学马修·韦伯斯特的最新研究结果表明，蜜蜂具有惊人的高水平的遗传多样性，并且西方蜜蜂可能起源于30万年以前的亚洲，然后迅速传遍整个欧洲和非洲，而不是之前认为的起源于非洲。

自 20 世纪以来，许多专家对已发现的古蜜蜂化石进行了研究，并将已发现的蜜蜂化石定名了蜜蜂属 18 个种和亚种，其中灭绝化石种 9 个、亚种 7 个，现生种 2 个（表 1-1）。

表 1-1　世界各地发现的古蜜蜂化石

种　名	时　代	发现地
Apis armbrusteri Zeuner, 1931	上新世（N_2）	德国斯瓦比亚（Swabia）
Apis armbrusteri armbrusteri Zeuner, 1931	上新世（N_2）	德国斯瓦比亚（Swabia）
Apis armbrusteri scheeri Ambruster, 1938	上新世（N_2）	德国斯瓦比亚（Swabia）
Apis armbrusteri scharmanni Ambruster, 1938	上新世（N_2）	德国斯瓦比亚（Swabia）
Apis armbrusteri scheuthlei Ambruster, 1938	上新世（N_2）	德国斯瓦比亚（Swabia）
Apis melisuga Handlirsch, 1907	中新世（N_1）	意大利西西里（Sicily）
Apis mellifera Linnaeus, 1758	上新世（N_2）	东非、欧洲等
Apis miocenica Hong, 1983	中新世（N_1）	中国
Apis catanensis Roussy, 1906	中新世（N_1）	意大利西西里（Sicily）
Apis meliponoides Buttei-Reepen, 1906	中新世（N_1）	意大利
Apis palnmickenensis Roussy, 1937	中新世（N_1）	意大利西西里（Sicily）
Apis proava Menge, 1856	渐新世（E_3）	法国
Apis cuenoti Theobald, 1937	渐新世（E_3）	法国
Apis henshawi Cockerell, 1907	渐新世至中新世（$E_3 \sim N_1$）	德国
Apis henshawi henshawi Cockerell, 1907	渐新世至中新世（$E_3 \sim N_1$）	德国罗特（Rott）

种　名	时　代	发现地
Apis henshawi kaschkei Statz, 1931	渐新世至中新世（$E_3 \sim N_1$）	德国罗特（Rott）
Apis henshawi dormiens Zeuner et Manning, 1976	渐新世至中新世（$E_3 \sim N_1$）	德国罗特（Rott）
Apis cerana Fabricius, 1793	第四纪至现代（$Q \sim R$）	亚洲等

21 世纪初在缅甸北部胡冈谷地发现了 1 亿年前的琥珀化石，化石中有 1 只蜜蜂和 4 朵小花，这块琥珀化石比其他已知的蜜蜂化石要早 3 500 万~4 500 万年，被认为是最古老的蜜蜂化石。

20 世纪 90 年代在河北等地发现了较多的晚侏罗世蜂化石，经鉴定这些蜂化石均为在我国出现的早期蜜蜂科以外的其他蜂科的蜂类；1998 年，在辽宁西部发现了 1.45 亿年前的被子植物化石"辽宁古果"，其被确立为世界上最早的被子植物。被子植物的出现，标志着自然界已出现以采集原始虫媒植物花蜜、花粉而生存的蜂类，对了解蜜蜂起源具有重要意义。1984 年在山东莱阳发现了 1.3 亿年前的早白垩世古蜜蜂化石，经鉴定为蜜蜂总科的古昆虫化石，是在华北古陆出现的蜜蜂早期种类。1983 年在山东临朐发现了 2 500 万年前的中新世蜜蜂化石，经鉴定为中新蜜蜂化石，其翅中脉分叉，特点属于中华蜜蜂型。

根据国内外对蜜蜂起源的研究结果，蜂类起源于晚侏罗世以前；早期蜜蜂起源于早白垩世以前；中华蜜蜂祖型起源于 2 500 万年前的中新世以前。蜜蜂总科出现于 0.5 亿~1.3 亿年前，蜜蜂属出现于 1 500 万~4 000 万年前。

蜜蜂是古老的社会性昆虫，经历了漫长的进化时间，由独居蜂过渡为群居蜂。在蜜蜂科中，蜜蜂属进化较快，成为社会性昆虫。在蜜蜂属中，西方蜜蜂进化最快，成为蜜蜂属中的最高阶段，东方蜜蜂进化慢于西方蜜蜂，仍接近于祖型（图 1-1）。

图 1-1　蜜蜂属进化树

二、中国蜜蜂的形成

随着被子植物的进化，蜜蜂从其起源地向四周扩展，经过漫长年代的地理、气候、生态环境的变化，逐渐形成了蜜蜂科、蜜蜂属以及属下的各个蜜蜂种及其亚种。其中东方蜜蜂和西方蜜蜂是蜜蜂属中分布最广的两个种，它们都各有很多品种，有些品种非常适合人工饲养，特别是西方蜜蜂中的某些品种。

通常所说的蜜蜂品种，实际上是指分布在不同的地理区域的同一种蜜蜂，由于地理上的隔离，通过长期自然选择而形成的亚种，也称为地理品种、自然品种或原始品种。譬如，通常所称的中华蜜蜂和印度蜜蜂即是东方蜜蜂种下的不同亚种或地理品种。

可见，"品种"一词在蜜蜂上的含义，并不同于其他家养的动物。而蜜蜂的地理品种，则是原产地自然选择的结果。蜜蜂的不同地理品种之间，存在着显著的区别，代表着不同的遗传型，适于不同的环境。甚至在一个地理品种内，尚存在着适于特殊环境条件（气候、蜜源和病害、敌害等）的不同生态类型，养蜂业中将其称为品系。因此，无论采用何种引种或育种方案，都必须充分重视遗传上的变异，以保证取得最佳的效果。为了保存这些宝贵的育种资料，许多国家采取了保种措施，建立了蜜蜂的基因库。深入了解关于蜜蜂地理品种和生态型的知识，是十分重要的。

蜜蜂的形态特征，是区别品种的依据。早期，养蜂业上几乎只用体色特征来辨别蜂种。但在实际应用中发现，某些不同的品种却具有很相近的体色，而同一品种的体色，变化幅度也很大。因此，单靠体色特征来识别品种，是很不完善的。现在，鉴别蜜蜂品种所采用的形态特征，有体形大小、体色、翅脉、绒毛、吻长等方面，并采用生物统计的方法，加以明确区分。

（一）中国东方蜜蜂的形成

2000 年龚一飞等在《蜜蜂分类与进化》中根据杨冠煌多年考察和系列研究，并通过野外考察和室内形态学研究，将我国境内的东方蜜蜂分为5 个亚种：中华亚种（*A. c. cerana* Fabricius）、西藏亚种（*A. c. skorikovi* Maa.）、印度亚种（*A. c. indica* Fabricius）、阿坝亚种（*A. c. abansis* Yun et Kuang）和海南亚种（*A. c. hainana* Yun et Kuang）。2003 年匡邦郁等根据20多年的研究结果，将东方蜜蜂分为6个亚种，即中华亚种（*A. c. cerana* Fabricius）、印度亚种（*A. c. indica* Fabricius）、日本亚种（*A. c. japonica*）、喜马拉雅亚种（*A. c. himalaya* Maa）、阿坝亚种（*A. c. abansis* Yun et Kuang）、海南亚种（*A. c. hainana* Yun et Kuang）。因此有关东方蜜蜂的分类尚有待进一步研究。我国境内东方蜜蜂各亚种工蜂特征比较见表1-2。

表1-2　我国境内东方蜜蜂各亚种工蜂特征比较表

项　目	海南蜜蜂	中华蜜蜂	印度蜜蜂	阿坝蜜蜂	喜马拉雅蜜蜂
体长（毫米）	10.50～11.50	11.00～13.00	10.50～11.00	12.50～13.50	11.00～12.50
吻总长（毫米）	4.69±0.13	5.16±0.09	4.51±0.18	5.45±0.08	5.11±0.05
第3＋4背板长（毫米）	4.04±0.13	4.01±0.12	4.11±0.12	4.21±0.10	4.22±0.76
右前翅长（毫米）	7.79±0.80	8.50±0.14	8.05±0.28	9.04±0.13	8.63±0.12
右前翅宽（毫米）	2.95±0.06	3.04±0.07	2.86±0.21	3.15±0.05	3.07±0.07
右前翅面积（毫米^2）	11.49	12.90	11.51	14.23	13.24
第4背板突间距（毫米）	4.04±0.13	4.37±0.10	3.89±0.13	4.46±0.14	4.22±0.76
第3腹板后缘宽（毫米）	>4.38	>4.38	>4.38	>4.38	4.00～4.38
肘脉指数	4.53±0.96	3.99±0.49	4.06±0.57	4.06±0.57	4.61±0.71
小盾片颜色	黄色	黄色	黄色	棕黄或黑色	黄色
第3＋4背板颜色	黄色至棕黄色	黄色	棕黄色	黑色	黄黑相间
巢房内径（毫米）	4.60±0.10	4.75±0.10	4.40±0.50	5.06±0.11	
地理分布	海南岛	长江流域、华南、黄河中下游、云贵高原	云南南部边境地带	四川西北部、青海东部、甘肃东南部	西藏南部、云南西北部

项　目	海南蜜蜂	中华蜜蜂	印度蜜蜂	阿坝蜜蜂	喜马拉雅蜜蜂
生态型	椰林型、山地型	华南型、华中型、华北型	山地型、河谷型	东北型、云贵高原型	

东方蜜蜂的中华亚种，即中华蜜蜂，又称中华蜂、中蜂、土蜂，以下简称为中蜂，是东方蜜蜂的一个亚种，原产于中国，是中国独有的蜜蜂当家品种，是以杂木树为主的森林群落及传统农业的主要传粉昆虫，有利用零星蜜源植物、采集力强、利用率较高、采蜜期长、适应性和抗螨抗病能力强、消耗饲料少等意大利蜂无法比拟的优点，非常适合中国山区定点饲养。中蜂在我国各地均有分布，集中分布区则在西南部及长江以南省区，以云南、贵州、四川、广西、福建、广东、湖北、安徽、湖南、江西、浙江等省区数量最多。中蜂饲养量有300多万群，约占全国蜂群总数的1/3。

中蜂在被人们饲养以前，一直处于野生状态，现在各地山区仍分布着数量众多的野生群落。它们在野外的树洞、石缝、地穴乃至墙洞中筑巢。古代人们在狩猎活动中发现了野生蜂巢，尝食了蜂蜜，于是便将蜂巢作为采捕对象。起初，人们只是随机发现蜂巢并采蜜，或寻找蜂巢采蜜，后来定期前来取蜜；进而，人们把野外洞穴中的蜂群或飞进院落内的蜂群，放入木桶、箱框等容器内饲养，于是便出现了家养中蜂。

在长期选择进化过程中，各地中蜂不仅产生了适应不同的生态条件的特有的生物学特性，而且其形态特征也随着地理环境的改变而发生变异，例如，个体由南向北、由低海拔向高海拔处逐渐增大，体色由南向北、由低海拔向高海拔处逐渐变深，形成许多适应当地特殊环境的类型。大致可以分为5个生态类型：

1. 华南型

分布于广东、浙江、福建及广西沿海地区。其特征是工蜂个体小，体色以黄色为主。分蜂性强，维持群势较弱，生产性能稍差。

2. 华中型

分布于浙江西部、江西、安徽、湖南、湖北、广东北部、贵州东部、四川东部和广西北部。工蜂个体比华南型大，体色黑黄相间，冬季偏黑色。分蜂性较华南型弱，维持群势较强。

3. 云贵高原型

分布于云贵高原及四川西南部。工蜂体型较大，体长13毫米左右，吻总长在5.0毫米以上，体色以黑色为主，第3＋4背板的黑色带达60%～70%，分蜂性弱，能维持2千克以上蜂量的群势，生产性能好。

4. 华北型

分布于山东、山西、河北、陕西及甘肃东部。工蜂个体较大，但吻短，耐寒性强，防盗蜂能力强，一般群势也可达2千克的蜂量。

5. 东北型

分布于吉林省的长白山区、黑龙江省小兴安岭南部。工蜂个体大，主要为黑色，前翅外横脉中段常有小突起，耐寒性强，强群能抗－30℃以下的严寒，分蜂性弱，能维持强群，每群蜂量超过2千克。

根据近年来国内外的研究，中蜂又可分为北方中蜂、华南中蜂、华中中蜂、云贵高原中蜂、长白山中蜂、海南中蜂、阿坝中蜂、滇南中蜂和西藏中蜂9个类型。

2003年，北京市在房山区建立中华蜜蜂自然保护区。2006年，中华蜜蜂被列入农业部国家级畜禽遗传资源保护品种。

（二）中国西方蜜蜂的形成

1. 西方蜜蜂进入中国

中国的西方蜜蜂简称西蜂，是由国外引入中国的多个西方蜜蜂品种的总称，引入了包括意大利蜂、美国意大利蜂、澳大利亚意大利蜂、卡尼鄂拉蜂、高加索蜂、安纳托利亚蜂、喀尔巴阡蜂、塞浦路斯蜂等品种，前后已有100多年的饲养历史，并形成浙江浆蜂、东北黑蜂、新疆黑蜂和珲春黑蜂等4个地方品种。

19世纪50年代以后，沙皇俄国由俄罗斯南部、乌克兰和高加索等地向远东地区大量移民，一些移民将其饲养的黑色蜜蜂带入远东地区。19世纪末，上述黑色蜜蜂分别由乌苏里江以东地区、黑龙江以北地区和满洲里、绥芬河等口岸进入中国黑龙江省，饲养规模超过了12 000群，蜂种主要为高加索蜂和俄罗斯蜂。另据《吉林省志》记载，1917年前后几年间，俄国移民逐渐将黑蜂带进敦化、饶河和珲春地区。

1900年俄国人将高加索蜂带进新疆伊犁、阿勒泰等地区；1919年冬俄国侨民又由喀纳斯河将黑蜂运进新疆其他地区饲养；1925～1926年苏联人又将十几群黑蜂带入新疆伊宁饲养，后扩展到伊犁地区的其他地方。

1911年中国台湾从日本九州引入43群意大利蜂。1912年驻美国公使龚怀西由美国带进意大利蜂 5 群在安徽饲养。1913 年张品南从日本带回 4 群意大利蜂在福建饲养；同年，广东谭启秀从加拿大引进意大利蜂。1916～1918 年，江苏华绎之先后从日本引进意大利蜂 12 群。此后，意大利蜂不断由国外引入中国各地，其中由日本引入的意大利蜂最多，仅 1930 年就引入 11 万群，在中国逐渐形成较大的意大利蜂分布区。

1917 年，一位日本人携带 4 群卡尼鄂拉蜂从日本乘船来到中国大连，在辽东建立蜂场，饲养推广卡尼鄂拉蜂。

2. 西方蜜蜂在中国的发展演变

早期引入中国的西方蜜蜂，主要以意大利蜂、高加索蜂、俄罗斯蜂和卡尼鄂拉蜂等为主，其中以意大利蜂（包括原种意大利蜂和美国意大利蜂）的饲养规模最大，分布范围最广。当时主要以定地饲养为主，蜂场与蜂群之间流动交流比较少，总体上各个品种的蜜蜂血统得到较好的保留，有的地方甚至还选育出了优良的地方品系。20 世纪 60 年代后，由于转地放蜂的兴起，且各地蜂场在育王时不加控制任其随机交尾，以及盲目引种、用种等多种因素的影响，在很大程度上导致了西方蜜蜂品种的血统混杂，有的甚至出现了退化。

（1）意大利蜂的发展演变　意大利蜂一直是中国养蜂生产中使用的当家蜂种。20 世纪 70 年代以前，意大利蜂在中国大致形成了南方、北方和东北三个分布区。由于自然选择，特别是人工选育的影响，各分布区内的意大利蜂产生了对当地的气候、蜜源等环境条件适应性特征，由此形成了所谓的"本地意大利蜂"，简称"本意"。20 世纪 70 年代以后，各分布区内的"本意"都发生了很大的变化：原先的南方"本意"已经向王浆高产型演化，变为王浆高产型意大利蜂，其分布范围也迅速向北扩展，加上引进和饲养的卡尼鄂拉蜂及其他黑色蜂种的影响，现在北方意大利蜂分布区和东北意大利蜂分布区内原先的"本意"已基本灭绝，而被王浆高产型意大利蜂及其杂交种所取代。

在众多王浆高产型意大利蜂中，浙江浆蜂最具代表性，它是浙江杭嘉湖平原的养蜂者在蜜蜂集团闭锁繁殖育种理论的指导下，收集杭州、平湖、嘉兴、桐庐、绍兴、龙游等地区王浆高产蜂群作为育种素材，运用太湖岛屿隔离和蜜蜂人工授精技术，进行连续多代选育，形成生产性能优越、遗传稳定的意大利蜂新品种，具有王浆产量高、采蜜能力强、繁殖速度快、性情温驯等优点。浙江浆蜂是在浙江的特定气候、环境和蜜粉源条件下，经过蜂农数十年对王浆高产性状的定向选择逐步形成的具有王浆高产突出特征的蜜蜂遗传资源。浙江浆蜂的主要特征为泌浆能力强，可持久表现出良好的产浆性能，适应性强，是我国20世纪初引进西方蜜蜂后在国内形成的规模最大的具有地方特色的蜂种，目前在浙江平湖、萧山、长兴、江山等地均建设了种蜂场。浙江浆蜂已列入《国家畜禽遗传资源保护名录》，在全国范围内得到大面积推广，并始终保持良好的生产性能。

（2）东北黑蜂的形成 1918年3月，黑龙江饶河养蜂先驱者邹兆云从乌苏里江以东俄罗斯境内，用马驮回西方黑色蜜蜂15群，在饶河定地饲养，经过近百年几十代的自然隔离繁殖、培育，成为适应中国东北环境生存的独特地方优良蜂种，1979年正式定名为"东北黑蜂"。经专家鉴定，东北黑蜂属西方蜂种，是卡尼鄂拉蜂的一个变种。东北黑蜂早春繁殖快，分蜂性弱，可养成大群，采集力强，抗寒，越冬安全，性情温和，开箱安静，不怕光，盗性弱，定向力强，比意大利蜂抗幼虫病，已不同于其祖先中俄罗斯蜂、高加索蜂等蜂种。其性状、抗逆性和各项经济指标，均明显优于欧洲黑蜂、高加索蜂、卡尼鄂拉蜂和意大利蜂"世界四大著名蜂种"，是我国乃至世界不可多得的极其宝贵的蜜蜂基因库。

（3）新疆黑蜂的形成　新疆黑蜂，又称伊犁黑蜂，是欧洲黑蜂的一个品系，是适应新疆气候和蜜源特点的一个优良黑蜂品系，是中国的一个宝贵的蜂种资源。20世纪初由俄国引进中国新疆地区的高加索蜂、欧洲黑蜂等黑色蜜蜂，经过长期混养、杂交和人工选育后，逐渐形成的一个地方品种。20世纪70年代前后发展到20 000 ~ 30 000群。新疆黑蜂体型大、吻长、采集花蜜能力强、抗病、抗灾适应性强，抗孢子病虫能力和抗甘露蜜中毒能力强于其他品种的蜜蜂。在－30℃以下的寒冬里能安全越冬，在8℃的气温中还能到野外采蜜。飞行高度高，采蜜半径大，可采集到海拔1 800 ~ 2 500米的松花蜜。性情凶暴，不易驯养。由于蜜源植物和蜂种的特性，新疆黑蜂生产的蜂蜜质地优良，被称为 "黑蜂蜜"。然而，自20世纪70年代以来，内地的西方蜜蜂大量进入新疆，导致新疆黑蜂的数量迅速减少，20世纪70年代时黑蜂和意大利蜂约各占一半；20世纪90年代以意大利蜂为主、黑蜂为辅；2000年以后很难再找到纯种黑蜂。2002年在天山、阿尔泰山等地，曾发现有新疆黑蜂的野生种群。新疆黑蜂已濒临灭绝，亟待加强保种复壮工作。

三、中国蜜蜂遗传资源状况

（一）中国东方蜜蜂遗传资源

中国东方蜜蜂的中华亚种，即中华蜜蜂，简称中蜂，遗传资源包括：北方中蜂、华南中蜂、华中中蜂、云贵高原中蜂、长白山中蜂、海南中蜂、滇南中蜂、阿坝中蜂、西藏中蜂。

1. 中蜂品种的特性

不同生态类型的中蜂对当地的生态环境产生了极强的适应性。例如：阿坝中蜂个体较大，能适应高海拔地区（海拔 >2 000 米）的高原气候、蜜源环境；海南中蜂个体较小，适应海岛气候蜜源环境；长白山中蜂抗寒，采集力强，适应无霜期短的寒地气候蜜源环境；华南中蜂耐热性强，适应南方炎热气候环境。各类型中华蜜蜂对本地气候蜜源的适应性，表现了中华蜜蜂地方品种不同的生物学特性。中蜂嗅觉灵敏，飞行敏捷，善于采集零星蜜源，繁殖较快，自然分群多，工蜂寿命长于西方蜜蜂，易飞逃迁徙，易迷巢、盗性较强，但防盗能力较差。

中蜂具有良好的卫生行为，抗螨能力强。被蜂螨寄生后，能主动对其进行咬杀或清理，免受危害，不需要用药物进行防治。而西方蜜蜂则必须用药物防治蜂螨，否则就难以生存，但随之就会带来蜂产品药物残留和蜂螨抗药性的难题。

中蜂易感染囊状幼虫病，可以通过蜜蜂、饲料等传播，较难防控，而且没有特效药，危害十分严重。

2. 中蜂的经济类型和分布

根据国内不同地域的中蜂的生物学特性和生产性能，我国的中蜂经济类型大致分为以下几类：

（1）蜂蜜高产型 主要有长白山中蜂、云贵高原中蜂。

（2）抗囊状幼虫病型 主要有阿坝中蜂、华南中蜂。

（3）耐热型 主要有海南中蜂、华南中蜂、华中中蜂。

（4）抗寒型 主要有西藏中蜂、长白山中蜂、北方中蜂。

从全国范围看，华南和西南地区为中蜂集中分布区，其他地区的中蜂多与西方蜜蜂混合分布。主要分布在广东、广西、贵州、云南、海南、福建、江西、湖北、湖南、浙江、四川、重庆、西藏、吉林、安徽、陕西、甘肃、山西、北京、河北等地，饲养数量和野生数量不断变化。

3. 中蜂的现状

自西方蜜蜂引入中国以后，中蜂在蜜源采集、蜂巢防卫、交尾飞行、病害防御等方面都受到西蜂的严重干扰和侵害。在中蜂、西蜂激烈的种间竞争中，中蜂一直处于弱势地位，导致繁殖率下降，群体数量减少，分布范围缩小。加上中蜂囊状幼虫病的危害和传统的毁巢取蜜方式，致使中蜂种群数量大幅下降。目前，全国中蜂有 300 多万群，其中长白山中蜂、海南中蜂和西藏中蜂等品种种群数量锐减，品种混杂，面临濒危。

（二）中国西方蜜蜂遗传资源

中国西方蜜蜂遗传资源包括：形成的地方品种，如浙江浆蜂、东北黑蜂、新疆黑蜂、珲春黑蜂等；国内培育的品种（品系、配套系），如喀（阡）

黑环系蜜蜂品系、浙农大 1 号意蜂品系、国蜂 213 配套系、国蜂 414 配套系、松丹蜜蜂配套系、白山 5 号蜜蜂配套系、晋蜂 3 号配套系、中蜜一号蜜蜂配套系等；引入的国外品种，如意大利蜂、美国意大利蜂、澳大利亚意大利蜂、卡尼鄂拉蜂、高加索蜂、喀尔巴阡蜂、安纳托利亚蜂、塞浦路斯蜂等。

1. 西方蜜蜂品种的特性

西方蜜蜂，简称西蜂，引入中国 100 多年来，在中国的地理、气候和蜜源条件下，经过自然选择和人工选育，逐渐发展为不同于原产地的中国西方蜜蜂及其地方品种，也形成了中国西方蜜蜂的特性。

中国位于亚欧大陆东部的北温带和亚热带，多数地区适合饲养西方蜜蜂，因此，西方蜜蜂引进后很快适应了中国的气候、蜜源条件，表现出良好的生物学特性。原种意大利蜂、澳大利亚意大利蜂、美国意大利蜂、浙江浆蜂等黄色蜂种较耐热，适合在冬季短而温暖，春夏季长而炎热、干旱、花期较长的南方及北方部分地区饲养。与黑色蜂种杂交后，比较适应北方自然条件。黄色蜂种繁殖力强，对外界气候变化不敏感，能维持大群，分蜂性低；能利用大宗蜜源，不爱采集零星蜜源；生产王浆能力较强；饲料消耗量大，越冬蜂死亡率较高。

卡尼鄂拉蜂、安纳托利亚蜂、东北黑蜂、新疆黑蜂等黑色蜂种比较耐寒，适应冬季长而寒冷、春夏季短而温暖的北方及寒冷地区的饲养条件，与黄色蜂种杂交后适合南方饲养条件。黑色蜂种对外界条件敏感，春季繁殖较快，分蜂性较强；既能采集大宗蜜源，又能利用零星蜜源；喜采树胶；泌浆性能较低；节省饲料，越冬蜂死亡率低。

与中蜂相比，西方蜜蜂不但能生产蜂蜜、蜂花粉、蜂蜡和蜂毒等蜂产品，而且还可生产蜂王浆和蜂胶等蜂产品。

2. 西方蜜蜂在中国的经济地位

19 世纪末，西方蜜蜂和活框养蜂技术引进中国。由于西方蜜蜂采集力强，产蜜量高，加上活框养蜂技术的先进性，西方蜜蜂很快在中国大规模饲养，并取得了较高的经济效益。自 20 世纪 50 年代开始，西方蜜蜂逐渐取代了东方蜜蜂的当家地位，成为中国养蜂生产的当家蜂种。当前我国年产蜂王浆 4 000 余吨，蜂花粉约 4 000 吨，蜂胶约 500 吨，蜂蜡约 4 000 吨，其中西方蜜蜂的贡献占到 90% 以上。蜂业生产不仅能够提供大量的纯天然食品和保健品，创造出较高的经济效益，而且蜜蜂在采集过程中能够为农作物和植物等传花授粉，提高农作物产量和质量，维持生态系统的多样性，因此具有比较显著的经济效益、社会效益和生态效益。

3. 中国西方蜜蜂品种的经济类型

20 世纪 50 ~ 80 年代，为了发展养蜂生产，提高蜂产品的产量和质量，我国从国外引入 8 个西方蜜蜂品种、品系，用于改良本地西方蜜蜂品种，到 20 世纪 90 年代不仅保存了一批西方蜜蜂品种，还育成了一批具有明显经济性状的高产品系和配套系，使我国西方蜜蜂的血统类型发生了明显变化，丰富了我国的蜜蜂遗传资源。我国西方蜜蜂品种的经济类型大致可分为以下几种类型：

（1）普通型　生产性杂交种蜜蜂。

（2）产蜜型　有卡尼鄂拉蜂、东北黑蜂、新疆黑蜂、美国意大利蜂、澳大利亚意大利蜂、喀（阡）黑环系蜜蜂品系、松丹蜜蜂配套系、国蜂

213 配套系等。

（3）产浆型　浙江浆蜂、浙农大 1 号意蜂品系、国蜂 414 配套系等。

（4）蜜浆型　松丹蜜蜂配套系、晋蜂 3 号配套系等。

（5）蜜胶型　高加索蜂、安纳托利亚蜂。

（6）授粉型　意大利蜂、卡尼鄂拉蜂、高加索蜂、白山 5 号蜜蜂配套系等。

（7）产蜜、抗螨型　中蜜一号蜜蜂配套系。

4. 西方蜜蜂的现状

目前，虽然在中国西方蜜蜂的种群数量相当庞大，但多为杂交种，蜜蜂原种和纯种只有从部分蜜蜂原种场及种蜂场内才能找到。据调查，至 21 世纪初，新疆黑蜂因被其他蜂种杂交而几乎灭绝。经过近些年的抢救性发掘，将搜集到的一批野生和家养的新疆黑蜂，转送到基因库保存，经提纯、扩繁后，已回供新疆，暂时摆脱了灭绝的危险。20 世纪 80 年代在东北边境抢救出来的珲春黑蜂，虽然保存于基因库内，但已进入濒危状态。"本意"仅在偏僻地区有少数蜂群，处于濒危状态。因此，部分西方蜜蜂的保种复壮工作依然任重道远。

（三）其他蜜蜂遗传资源概况

我国除了拥有丰富的中华蜜蜂和西方蜜蜂遗传资源以外，在海南、广西、云南等地还有野生的大蜜蜂、黑大蜜蜂、小蜜蜂、黑小蜜蜂等属于蜜蜂属的蜜蜂遗传资源，它们的进化较晚，性情凶暴，喜迁徙，但蜜质优良，目前虽然难于实现人工饲养，但具有很好的开发利用前景，是珍贵的蜜蜂遗传资源。还有蜜蜂总科蜜蜂科蜜蜂亚科的熊蜂属、无刺蜂属；蜜蜂总科切叶蜂科的切叶蜂属和壁蜂属等传粉经济蜂种，也是珍贵的蜜蜂遗传资源。

（四）中国蜜蜂资源的保护和利用

1. 中国蜜蜂资源的保护

近年来，国家非常重视蜜蜂遗传资源保护工作。2006 年将中华蜜蜂、东北黑蜂、新疆黑蜂列入《国家畜禽遗传资源保护名录》。建立了一批蜜蜂基因库、保种场和保护区，抢救并有效保护了一批珍贵、濒危的蜜蜂遗传资源。

由吉林省养蜂科学研究所承建的国家级蜜蜂基因库，采取蜂群生物活体保种技术、蜜蜂精卵细胞或胚胎超低温储存技术，保存 16 个蜜蜂品种（系），还保存 7 个后备蜜蜂品种（系）。现在保存的 16 个蜜蜂品种（系）中，有长白山中蜂、新疆黑蜂、东北黑蜂、珲春黑蜂、浙江浆蜂等 6 个地方品种，还有喀尔巴阡蜂、安纳托利亚蜂、卡尼鄂拉蜂、高加索蜂、意大利蜂等 6 个重要品种。早期保种的长白山中蜂、东北黑蜂等 8 个品种（系）于 1979 ~ 1990 年收集后，进入基因库保种；近期保种的新疆黑蜂、高加索蜂等 4 个品种（系），于 1999 ~ 2004 年收集或抢救后，进入基因库保种；2009 年，又对新引进的欧洲黑蜂、俄罗斯远东黑蜂、俄罗斯喀尔巴阡蜂、黄色高加索蜜蜂共 4 个蜂种进行保种、扩繁工作。

3 个国家级蜜蜂保种场：黑龙江饶河东北黑蜂原种场、辽宁省蜜蜂原种场、陕西省榆林市种蜂场，分别保存了东北黑蜂、北方中蜂等蜜蜂品种，每个品种核心保种群 60 群以上。

2. 中国蜜蜂资源的利用

中国蜜蜂遗传资源在利用中发展，在发展中保护，形成了引入品种与地方品种、原种与选育品种（品系）共同发展的良好局面，促进了我国养蜂业的快速、健康发展。

我国对蜜蜂遗传资源的利用大体上可分为两种类型：一类是将地方品种，如中华蜜蜂、东北黑蜂、新疆黑蜂、浙江浆蜂等品种，直接用于生产；另一类是利用一些品种进行品种杂交，利用杂交种所产生的杂交优势进行生产，提高蜂产品的产量和质量。目前，中国养蜂生产中饲养的杂交种蜂群，占西蜂的 80% 以上。

我国蜜蜂遗传资源在蜜蜂育种中的尝试开始于 20 世纪 50 年代，开始利用地方蜜蜂遗传资源进行杂交，选育配套系；20 世纪 60 年代以后多次引入意大利蜂、卡尼鄂拉蜂、高加索蜂等西方蜜蜂品种，并成立了专门从事蜜蜂遗传育种研究的机构从事蜜蜂育种工作，多年来，以喀尔巴阡蜂为素材选育出黑环系蜜蜂新品系；以浙江浆蜂为素材选育出浙农大 1 号意大利蜂新品系；以意大利蜂、美国意大利蜂、卡尼鄂拉蜂为素材选育出国蜂 213、国蜂 414 配套系，以卡尼鄂拉蜂、意大利蜂为素材选育出白山 5 号、松丹蜜蜂配套系等。

与此同时，还加强了对蜜蜂遗传资源的蜂蜜、蜂王浆等产品高产性状的利用，逐渐选育出蜂蜜高产、蜂王浆高产蜂种，进一步提高了蜜蜂遗传资源在育种中的利用效率。

专题二
地方品种

　　我国幅员辽阔，地跨温带、亚热带和热带，全国各地的气候和植被特征差异很大。除了引进的蜜蜂品种外，经过长期的自然选择和进化，在我国形成了适宜于各地气候和蜜粉源特征的、具有较好生产性能的蜜蜂地方品种 13 个，其中中蜂生态型 9 个，包括北方中蜂、华南中蜂、华中中蜂、云贵高原中蜂、长白山中蜂、海南中蜂、阿坝中蜂、滇南中蜂和西藏中蜂；黑蜂生态型 3 个，包括东北黑蜂、新疆黑蜂和珲春黑蜂；意大利蜂生态型 1 个，为浙江浆蜂。

一、北方中蜂

北方中蜂（North Chinese bee）为中华蜜蜂的一个类型。

（一）一般情况

1. 中心产区及分布

北方中蜂的中心产区为黄河中下游流域，分布于山东、山西、河北、河南、陕西、宁夏、北京、天津等省、市、自治区的山区；四川省北部地区也有分布。

2. 产区自然生态条件

北方中蜂产区位于北纬 32° ~ 42°、东经 110° ~ 120°，区内既有平原，也有高山。贺兰山脉、太行山脉、燕山山脉、秦岭等连绵起伏，海拔20 ~ 3 700 米。属暖温带季风气候和暖温带、温带大陆性气候，四季分明，气候差异大，自然资源与生态类型丰富。年降水量 800 ~ 1 200 毫米。北方中蜂主要分布于海拔 2 000 米以下的山区。蜜源植物有 500 余种，主要蜜源有油菜、刺槐、柿树、狼牙刺、荆条、枸杞、荞麦、乌桕、百里香等植物 20 余种，部分地区尚有大面积人工栽培的中草药、柑橘等蜜源。

（二）品种来源与变化

1. 品种形成

北方中蜂是其分布区内的自然蜂种，是在黄河中下游流域丘陵、山区生态条件下，经长期自然选择形成的中华蜜蜂的一个类型。

华北地区有文字记载的历史悠久。河南安阳殷墟发掘的3 300年前的甲骨文中就有"蜂"字的原型；史料记载，殷末周初，周武王兴兵伐纣，行军大旗上聚集蜂团，被认为是吉兆，命名为"蜂麓"；《诗经》中有"莫矛荓蜂，自求辛螫"的诗句，表述了人们对蜜蜂的认识；周朝尹喜所著《关尹子·三极》中有"圣人师蜂立君臣"，表明2 500年前，古人对蜂群生物学已有所了解。这一地区的养蜂历史可追溯到西周时代。到唐代家庭养蜂有了较大发展，宋代《尔雅翼》中有"雍、洛间有梨花蜜，色如凝脂"的记述。现产区仍可见到自然蜂巢。

2. 群体规模与变化情况

截至2014年10月，北方中蜂的主要分布区内蜂群数量，山东20 000群，山西30 000群，河南65 000群，陕西145 000群，宁夏25 000群，北京3 000群，四川450 000群。

近年北方中蜂数量较为稳定，与蜜源可承载的蜂群数量相比，中蜂饲养仍具有较大的发展潜力，无濒危危险。

（三）品种特征和性能

1. 形态特征

北方中蜂蜂王体色多呈黑色，少数呈棕红色（图2-1）；雄蜂体色为黑色（图2-2）；工蜂体色以黑色为主，体长11.0 ~ 12.0毫米（图2-3）。其他主要形态特征见表2-1。

图 2-1 北方中蜂蜂王　　　图 2-2 北方中蜂雄蜂　　　图 2-3 北方中蜂工蜂

表 2-1　北方中蜂主要形态特征

采样地点	样本数量（只）	吻长（毫米）	前翅长（毫米）	前翅宽（毫米）	肘脉指数	第 3＋4 腹节背板总长（毫米）
山东	13（3 个取样点）	5.02±0.22	8.7±0.14	3.0±0.07	3.0±1.55	3.73±1.26
河北	20（2 个取样点）	4.71±0.23	8.90±0.16	3.04±0.05	3.95±0.23	3.42±1.16
北京	5	4.92±0.20	9.00±0.06	3.08±0.05	3.71±0.46	3.80±0.22
河南	43（4 个取样点）	4.85±0.45	8.90±0.14	3.05±0.05	3.91±0.35	3.84±1.58
山西	49（4 个取样点）	5.03±0.43	8.78±0.10	3.04±0.04	4.23±0.42	4.01±1.51
四川	42（2 个取样点）	4.79±0.31	8.86±0.35	3.20±0.24	3.30±0.68	4.05±0.21
陕西	81（8 个取样点）	4.86±0.44	8.97±0.53	3.13±0.17	3.01±0.67	3.96±0.18
宁夏	42（3 个取样点）	4.83±0.44	9.06±0.29	3.08±0.16	2.57±0.43	4.01±0.18
甘肃	43（3 个取样点）	4.98±0.35	9.22±0.24	3.04±0.12	2.79±3.20	3.95±0.15
青海	16	5.01±0.36	8.60±0.18	3.20±0.40	3.75±0.77	3.85±0.13

2. 生物学特性

北方中蜂耐寒性强，分蜂性弱，较为温驯，防盗性强，可维持 7 ~ 8 框以上蜂量的群势；北方中蜂抗病力较差，容易感染囊状幼虫病和欧洲幼虫腐臭病等，而且发病早，蔓延快，病情重，且难以治愈，只有通过蜂群断子才能控制病情。蜂王一般在 2 月初开产，平均每昼夜产卵 200 粒左右，部分蜂王产卵可达 300 ~ 400 粒。群势恢复后，蜂王进入产卵盛期，平均有效产卵量 700 余粒，部分蜂王有效产卵量可达 800 ~ 900 粒。北方中蜂蜂脾见图 2-4。

图 2-4 北方中蜂蜂脾

3. 生产性能

北方中蜂主要生产蜂蜜、蜂蜡和少量蜂花粉。

产蜜量因产地蜜源条件和饲养管理水平而异。转地饲养年均群产蜂蜜 20 ~ 35 千克，最高可达 50 千克；定地传统饲养，年均群产蜂蜜 4 ~ 6 千克。蜂蜜质量因饲养管理方式而异，其含水量在 19% ~ 29%。活框箱饲养的蜂群所产蜂蜜纯净，传统方式饲养的蜂群所产蜂蜜杂质较多。

（四）饲养管理

该区域绝大多数北方中蜂均采用活框饲养，只有山区仍沿用传统饲养方式（图2-5）。

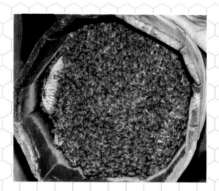

图2-5　用传统木桶饲养的北方中蜂

（五）品种保护与研究利用

2005年北京市人民政府批复建立蒲洼市级自然保护区（京政函[2005]17号），在保护区内划定了中华蜜蜂核心保护区和缓冲区。

2008年经农业部批准，陕西省榆林市种蜂场成为第一批国家级中蜂保种场（中华人民共和国农业部公告[第1058号]），进行北方中蜂的保种、繁育和研究工作。

（六）品种评价

北方中蜂个体较大，分蜂性弱，能维持8框以上的群势，最大群势可达15框。耐寒能力较强。对中蜂囊状幼虫病、欧洲幼虫腐臭病的抵御能力很弱，易遭受蜡螟的危害。性情较温驯，适合北方地区饲养，但在饲养管理中应注意对中蜂囊状幼虫病、欧洲幼虫腐臭病和蜡螟的防控。

该地区内适合北方中蜂的蜜源条件尚未被充分利用，应大力推广北方中蜂的饲养，可作为其他生态型中蜂的育种素材。

二、华南中蜂

华南中蜂为中华蜜蜂的一个类型。

（一）一般情况

1. 中心产区及分布

中心产区在华南，主要分布于广东、广西、福建、浙江、台湾等省、自治区的沿海山区，以及安徽南部、云南东部等山区。

2. 产区自然生态条件

华南中蜂产区位于云贵高原以东、大庾岭和武夷山脉之南，北回归线横贯中心分布区的大部分地区。属东亚季风区，由北往南分别为北亚热带、中亚热带、南亚热带和热带，气候温暖湿润，雨量充沛，无霜期长，具有明显的山地气候特征。年平均气温 11 ~ 24℃，由南向北递减，其中广东为 19 ~ 24℃，广西为 16.5 ~ 23.1℃，浙江的主分布地（丽水等地）为 11.5 ~ 18.3℃。7 月平均气温：南部地区（广东、广西）为 28 ~ 29℃，北部地区（浙江丽水等地）为 28℃。1 月平均气温：南部地区为 16 ~ 19℃，北部地区为 3 ~ 8℃。无霜期长，南部地区达 350 天以上，北部地区为 245 ~ 296 天。年降水量 1 400 毫米以上。夏秋季节有台风影响。

华南中蜂主要繁衍生息于海拔 800 米以下的丘陵和山区，其繁衍生息区内的蜜源植物有 100 多种，主要蜜源植物有荔枝、龙眼、山乌桕、桉树、枇杷、鸭脚木等。由于夏季缺乏蜜源，蜂群进入度夏期即停止繁殖，群势衰退，持续 1 ~ 2 个月。

台湾产区属热带与亚热带交界处，气候温暖，雨量充沛，年平均气温

22℃，年降水量 2 500 毫米。植物资源丰富，一年四季花开不断。主要蜜源植物有油菜、柑橘、鬼针草、荔枝、龙眼、益母草、乌桕及瓜类、菜花类等，主要粉源植物有茶花和盐肤木等，花期从 1 月到 12 月连续不断。

华南中蜂在台湾省各地都有分布，主要分布在海拔 1 400 ~ 1 500 米的地区。

（二）品种来源与变化

1. 品种形成

华南中蜂是其分布区内的自然蜂种，是在华南地区生态条件下，经长期自然选择而形成的中华蜜蜂的一个类型。

900 多年前宋朝诗人苏辙，看到养蜂人用艾草烟熏驱赶收捕分蜂群的情景后，写下了《收蜜蜂》一诗。当时，养蜂者用竹笼、树桶和木桶等传统饲养方法饲养蜜蜂，产量很低，蜂群处于自生自灭状态。直到 20 世纪初，西方蜜蜂引进前，华南中蜂都是分布区内饲养的主要蜂种。20 世纪中叶，广东省开始将活框饲养技术应用于当地自然蜂种的饲养，养蜂业得到迅猛发展。

中国台湾饲养中华蜜蜂的历史始于清康熙年间，当时的农民从树洞、山壁岩洞中收捕野生蜂，用传统方法饲养，已有约 300 年的历史。

2. 群体规模与变化情况

（1）群体规模 广东、广西、福建是华南中蜂中心分布地，饲养量较大。据 2014 年 10 月的调查结果，广东省作为华南中蜂的重点分布区，蜂群拥有量为 920 000 群左右。

（2）发展变化　采用活框饲养技术后，华南中蜂的数量曾迅速增加，但到了20世纪末，除广东省的数量有所增长外，其他各省的数量都在逐渐减少。

由于中蜂生产性能不及西方蜜蜂，加上囊状幼虫病的危害，致使很多养蜂者选择饲养西方蜜蜂，从而造成广东以外很多地方中蜂数量锐减，有的地方只有在山区尚有少量中蜂存在。

西方蜜蜂对广东的气候、蜜源条件适应性差，无法定地饲养，只有长途转地饲养才能取得较好的经济效益。随着广东省经济的发展，就业机会的增加，广东养蜂者多不愿离开家乡进行长途转地，加之广东人喜欢"土蜂蜜"，其售价高于西蜂蜜，因此大多数养蜂者选择饲养中蜂，从而使华南中蜂数量在广东呈现上升趋势。

在中心分布区，华南中蜂分蜂性增强，维持群势能力降低，加之蜜源植物减少、中蜂囊状幼虫病的危害，导致生产性能下降。

截至2014年，华南中蜂保有量大，无濒危危险。

（三）品种特征和性能

1. 形态特征

蜂王基本呈黑灰色，腹节有灰黄色环带（图2-6）；雄蜂呈黑色（图2-7）；工蜂为黄黑相间（图2-8）。其他主要形态指标见表2-2。

图2-6 华南中蜂蜂王

图2-7 华南中蜂雄蜂

图2-8 华南中蜂工蜂

表2-2 华南中蜂主要形态指标

样本数量 （只）	吻长 （毫米）	前翅长 （毫米）	前翅宽 （毫米）	肘脉指数	第3＋4腹 节背板总长 （毫米）
300	4.99±0.68	8.34±0.10	2.90±0.06	3.58±0.34	4.04±0.107

注：2006年7月由广东昆虫研究所测定。

2. 生物学特性

华南中蜂（图2-9）繁殖高峰期平均日产卵量为500～700粒，最高日产卵量为1 200粒。

图2-9 华南中蜂蜂脾

育虫节律较陡，受气候、蜜源等外界条件影响较明显。春季繁殖较快，夏季繁殖缓慢，秋季有些地方停止产卵，冬季繁殖中等。

维持群势能力较弱，一般群势为3～4框蜂，最大群势达8框蜂左右。

分蜂性较强，通常一年分蜂 2 ～ 3 次；分蜂时，群势多为 3 ～ 5 框蜂，有的群势 2 框蜂即进行分蜂。蜂群经过度夏期后，群势下降 40% ～ 45%。

华南中蜂温驯性中等，受外界刺激时反应较强烈，易蜇人；盗性较强，食物缺乏时易发生互盗；防卫性能中等；易飞逃。易感染中蜂囊状幼虫病，病害流行时发病率高达 85% 以上。对此病尚无有效的治疗药物，主要采取消毒、选育抗病蜂种、幽闭蜂王迫使其停止产卵而断子等措施进行防治。

3. 生产性能

（1）蜂产品产量　华南中蜂的产品只有蜂蜜和少量蜂蜡。年均群产蜜量因饲养方式不同差异很大。定地饲养年均群产蜂蜜 10 ～ 18 千克，转地饲养年均群产蜂蜜 15 ～ 30 千克。

（2）蜂产品质量　华南中蜂生产的蜂蜜浓度较低，成熟蜜含水量23% ～ 27%，淀粉酶值 2 ～ 6 毫升 /（克·时），蜂蜜颜色较浅，味香醇。

（四）饲养管理

华南中蜂中心分布区的放养方式有两种：75% ～ 80% 的蜂群为定地结合小转地饲养，20% ～ 25% 的蜂群为定地饲养。大多数蜂群采用活框饲养，少数蜂群采用传统方式饲养。

（五）品种保护与研究利用

目前尚未建立华南中蜂保种场或保护区。由于华南中蜂对华南地区山区的适应性很强，饲养华南中蜂已成为山区很多农户脱贫致富的有效途径，对山区经济的发展起到很大的作用。

（六）品种评价

华南中蜂嗅觉灵敏，能利用零星蜜源，消耗饲料少，抗囊状幼虫病和巢虫的能力高于其他类型的中华蜜蜂，其缺点为分蜂性强、盗性强。饲养华南中蜂，对山区经济发展有重要作用。

三、华中中蜂

华中中蜂为中华蜜蜂的一个类型。

（一）一般情况

1. 中心产区及分布

华中中蜂的中心分布区为长江中下游流域，主要分布于湖南、湖北、江西、安徽等省以及浙江西部、江苏南部。此外，贵州东部、广东北部、广西北部、重庆东部、四川东北部也有分布。

2. 产区自然生态条件

华中中蜂产区位于北纬 24°～34°、东经 108°～119°，即秦岭以南、大庾岭以北、武夷山以西、大巴山以东的长江中下游流域广大山区。地貌类型复杂多样，丘陵、山地占总面积的 65% 以上。最高峰为西北部神农架主峰神农顶，海拔 3 106 米。

分布区地处亚热带，位于典型的季风区内，具有气候温和、四季分明、雨量充沛、热量富足、冬寒期短、无霜期长的明显的南北过渡性气候特征。通常春季阴晴不定，夏季温热，秋高气爽，冬季干寒，春夏之交有梅雨，冬季常受西伯利亚和蒙古高原南下的干冷气团控制，带来雨雪冰霜天气。

年平均气温 14 ~ 18℃；1 月最冷，平均气温−3 ~ 8℃，极端最低气温−17℃；7 月最热，除高山地区外，平均气温 27 ~ 29℃，极端最高气温42℃。无霜期北部的安徽和湖北为 200 ~ 230 天，其他地区为 230 ~ 310 天。年降水量北部的湖北和安徽为 800 ~ 1 600 毫米，南部的湖南、江西为1 200 ~ 2 600 毫米。

分布区内蜜源植物十分丰富，有 130 多种。主要蜜源植物有油菜、紫云英、柑橘、刺槐、芝麻、棉花，还有分布于丘陵和山区的乌桕、荆条等野生蜜源植物（图 2-10）。

图 2-10　华中中蜂采集紫云英（徐新建　摄）

（二）品种来源与变化

1. 品种形成

华中中蜂是其分布区内的自然蜂种，是在长江中下游流域丘陵、山区生态条件下，经长期自然选择形成的中华蜜蜂的一个类型。

700 多年前的元代，安徽班德县和江西永丰县等地已经掌握了中蜂饲养技术，其收蜜和收捕蜜蜂的方法，仍沿用至今。

明代李时珍所著的《本草纲目》（1578）记载，北宋时安徽宣州和亳州已有家养土蜂，并分别出产黄连蜜和桎花蜜。

明代宋应星所著的《天工开物》（1637）一书中，在第六卷第六节《蜂蜜篇》中，记述了蜜蜂、蜂蜜和养蜂技术，这表明当时当地的养蜂技术已有较高水平，并已进行商业化生产。

20世纪80年代，中国首次在全国范围内进行了中蜂资源考察。杨冠煌等根据考察结果将该分布区内的中蜂定名为湖南型（也被称为沅陵型），匡邦郁、龚一飞等也认同上述地区分布的中蜂为一个生态型，匡邦郁还认为该生态型的分布区主要在华中，故将其定名为华中型。

2. 群体规模与变化情况

（1）群体规模　据不完全统计，至2014年，华中中蜂的饲养量湖南省约为210 000群、湖北省170 000群、江西省200 000群。

（2）发展变化　在华中中蜂分布区内，自20世纪以来，由于西方蜜蜂的引进，中蜂数量一直在下降。受到种间竞争的威胁和生态资源减少的影响，其栖息地日益缩小，蜂群数量急剧减少。以安徽省的中蜂饲养量为例，1949年为48 000群，1959年为81 000群，1983年为88 000群，2002年为65 000群，2006年只有43 000群（多为华南中蜂，很少是华中中蜂），且已退缩到大别山区一带，江淮丘陵和淮北平原已很难见到华中中蜂的踪迹。

由于中蜂囊状幼虫病的危害及西方蜜蜂大量引入饲养等原因，华中中蜂的数量正在日益减少，已处于濒危状态，应加强保护。

（三）品种特征和性能

1. 形态特征

华中中蜂蜂王一般呈黑灰色，少数呈棕红色（图2-11），雄蜂呈黑色（图2-12）；工蜂多呈黑色（图2-13），腹节背板有明显的黄环。部分地区华中中蜂主要形态特指标见表2-3。

图2-11　华中中蜂蜂王　　　图2-12　华中中蜂雄蜂　　　图2-13　华中中蜂工蜂

表2-3　部分地区华中中蜂主要形态指标

样本数量（只）	吻长（毫米）	前翅长（毫米）	前翅宽（毫米）	肘脉指数	第3+4腹节背板总长（毫米）
湖北	4.91 ± 0.15	8.64 ± 0.09	3.00 ± 0.04	4.11 ± 0.40	4.32 ± 0.04
江西	4.84 ± 0.16	8.60 ± 0.34	2.98 ± 0.11	4.24 ± 0.76	4.13 ± 0.17

注：2005年由吉林省养蜂科学研究所测定。

2. 生物学特性

活框饲养的华中中蜂，其群势在主要流蜜期到来时可达6～8框蜂，越冬期群势可维持3～4框蜂，蜂脾如图2-14所示。自然分蜂期为5月末至6月初，一群可以分出2群，分蜂时间多在上午10点至下午3点。遇到敌害侵袭或人为干扰时，常弃巢而逃，另筑新巢。育虫节律陡，早春进入繁殖期较早。早春2～3框蜂的群势，到主要流蜜期可发展为6～8框蜂的群势。飞行敏捷，采集勤奋，在低温阴雨天气仍能出巢采集，能利用零星蜜源。抗寒性能强，树洞、石洞里的野生蜂群，在−20℃的环境里仍能自然越冬；传统饲养在木桶中的蜂群，放在院内或野外即可越冬；越冬蜂死亡率 8% ~ 15%。冬季气温在 0℃ 以上时，工蜂便可以飞出巢外在空中排泄。抗巢虫能力较差，易受巢虫危害；性温驯，易于管理；盗性中等，防盗能力较差；易感染中蜂囊状幼虫病，该病在中蜂分布区流行至今已有 30 多年的历史，威胁着中蜂的生存，给中蜂生产造成重大损失。

图 2-14　华中中蜂蜂脾

3. 生产性能

（1）蜂产品产量　华中中蜂通常只生产蜂蜜，不生产蜂王浆、蜂胶，很少生产蜂花粉。传统饲养的蜂群年均生产蜂蜜 5 ~ 20 千克，活框饲养的蜂群年均群产蜂蜜 20 ~ 40 千克。

（2）蜂产品质量　华中中蜂蜂蜜浓度较高，含水量在 19% 以下，味清纯。

（四）饲养管理

华中中蜂饲养方式有定地饲养，定地结合小转地饲养，少数进行转地饲养。

多数蜂群采用活框饲养，有些地方仍沿用传统方式饲养。有些地方，如鄂西北神农架林区，养蜂人对传统的饲养方式进行了改良，在蜂桶中部垂直加两根小木棍，用以加固巢脾，创造每年可以多次取蜜而又不伤害子脾的方法。

（五）品种保护与研究利用

尚未建立华中中蜂保种场，神农架林区已建立了华中中蜂保护区。

近年来，中国农业科学院蜜蜂研究所、吉林省养蜂科学研究所、广东省昆虫研究所等单位对华中中蜂的遗传资源进行了调查和样本采集，并进行了分子遗传学研究和形态测定。

（六）品种评价

华中中蜂对长江中下游流域丘陵、山川的生态条件有很强的适应能力。目前，华中中蜂的数量正在日益减少，应着手加以保护。神农架林区可以多次取蜜而又不伤害子脾的饲养方法，可在采用传统饲养方式的地区推广。

四、云贵高原中蜂

云贵高原中蜂是在云贵高原的生态条件下，经长期自然选择而形成的中华蜜蜂的一个类型。

（一）一般情况

1. 中心产区及分布

中心产区在云贵高原，主要分布于贵州西部、云南东部和四川西南部的高海拔区域。

2. 产区自然生态条件

云贵高原平均海拔 1 000 ～ 2 000 米，西北高、东南低，水系众多，峡谷深邃，地形复杂。高原西部多山间构造盆地——坝子，坝子地面平坦，土层深厚，四季不明显，干湿分明。属亚热带湿润区，由于海拔、大气环流条件不同，气候差别显著。

云南昆明属北亚热带低纬高原山地季风气候，由于受印度洋西南暖湿气流的影响，日照长，霜期短，年平均气温 15℃左右，年均日照 2 200 小时左右，无霜期 240 天以上。气候温和，夏无酷暑，冬无严寒，四季如春，气候宜人，年降水量 1 450 毫米。全年温差较小，历史上年极端气温最高 31.2℃，最低－7.8℃。由于温度、湿度适宜，日照长，霜期短，所以鲜花常年不谢，草木四季常青，昆明"春城"的美誉由此得来。

昆明气候的主要特点

①春季温暖，干燥少雨，蒸发旺盛，日温变化大。②夏无酷暑，雨量集中，且多大雨、暴雨，降水量占全年的 60% 以上，故易受洪涝灾害。③秋季温凉，天高气爽，雨水减少；秋季降温快，天气干燥，多数地区气温要比春季低 2℃左右；秋季降水量比夏季减少一半多，但多于冬、春两季，故秋旱较少见。④冬无严寒，日照充足，天晴少雨。⑤全年降水量在时间分布上，明显地分为干、湿两季。5 ～ 10 月为雨季，降水量占全年的 85% 左右；11 月至翌年 4 月为干季，降水量仅占全年的 15% 左右。旱季时间长，季节性干旱特别是春旱十分严重。

贵州全省平均海拔 1 000 米左右，属亚热带湿润季风气候区，除西北部地势高、气温较低外，绝大部分地区气候温暖湿润，冬无严寒，夏无酷暑，全年平均温度 14 ~ 20℃，无霜期一般在 270 天以上。贵州山多，地形复杂，海拔落差大，气候垂直差异大。雾天较多，日照不足。全年阴雨，年平均降水量 900 ~ 1 200 毫米，年降水量的地区分布趋势是南部多于北部、东部多于西部。从降水的季节分布看，一年中的大多降水量集中在夏季，但下半年降水量的年际变率大，常有干旱发生。

云贵高原自然景观垂直差异明显，800 米以下深谷属南亚热带干旱、半干旱气候；800 ~ 1 200 米的河谷低山丘陵，植被为常绿阔叶林；1 200 ~ 2 000 米的高原和其间的盆地，植被为常绿阔叶林；2 000 ~ 2 500 米的高原和山地，植被为落叶阔叶混交林；2 500 ~ 2 800 米的高原或山地，属山地落叶阔叶林；2 800 米以上的山地、高原，属亚高山暗针叶林、高山栎林。

蜜源植物种类较多，有 200 余种。可生产商品蜜的有油菜、苕子、荞麦、狼牙刺、乌桕、野坝子、野藿香、鹅掌柴等。

（二）品种来源与变化

1. 品种形成

云南对蜜蜂的记录，可追溯至战国时期；据史料记载，贵州少数民族对蜂产品的利用，至今至少已有 1 000 年历史。

2. 群体规模与变化情况

（1）群体规模 截至 2008 年，云贵高原中蜂有 620 000 群，其中贵州 140 000 群（活框饲养的中蜂约 10 000 群），云南 420 000 群，四川 60 000 余群。

（2）发展变化　云贵高原中蜂大多采取传统方式饲养，蜂群数量变化不大，无濒危危险。

（三）品种特征和性能

1. 形态特征

云贵高原中蜂蜂王体色多呈棕红色或黑褐色（图2-15）；雄蜂呈黑色（图2-16）；工蜂体色偏黑，第3＋4腹节背板黑色带达60%～70%（图2-17）；个体大，体长可达13.0毫米。其他主要形态指标见表2-4。

图2-15　云贵高原中蜂蜂王　图2-16　云贵高原中蜂雄蜂　图2-17　云贵高原中蜂工蜂

表2-4　云贵高原中蜂其他主要形态指标

前翅长（毫米）	前翅宽（毫米）	肘脉指数	第3＋4腹节背板总长（毫米）
8.34±0.13	2.96±0.05	3.75±0.82	3.69±0.10

注：2000年8月由云南农业大学东方蜜蜂研究所测定。

2. 生物学特性

云贵高原中蜂（图2-18）产卵力较强，蜂王一般在2月开产，最高日产卵量可达1 000粒以上。云贵高原夏季气温较低，蜜源植物开花少，蜂群群势平均下降30%左右，6月中旬最严重。越冬期约3个月，群势平均下降 50% 左右。

图 2-18　云贵高原中蜂蜂脾

云贵高原中蜂性情较凶暴，盗性较强。分蜂性弱，可维持群势 7 ～ 8 框。抗病力较弱，易感染中蜂囊状幼虫病和欧洲幼虫腐臭病。

3. 生产性能

（1）蜂产品产量　云贵高原中蜂以产蜜为主，不同地区的蜂群，因管理方式及蜜源条件不同，产量有较大差别。定地结合小转地饲养的蜂群，采油菜、乌桕、秋季山花，年均群产蜜量 30 千克左右，最高可达 60 千克；定地饲养群以采荞麦、野藿香为主，年均群产蜂蜜约 15 千克。

（2）蜂产品质量　随管理方式的差异，云贵高原中蜂所产蜂蜜含水量为 21% ～ 29%，活框饲养群生产的蜂蜜纯净、品质好；传统方式饲养的蜂群，生产的蜂蜜杂质含量高。不生产蜂花粉，能生产蜂蜡。

（四）饲养管理

云贵高原中蜂的饲养方式在贵州、云南以定地饲养为主；四川为定地结合小转地饲养。贵州传统方法饲养 130 000 群，活框饲养 10 000 群。云南传统方法饲养约 400 000 群，活框饲养约 220 000 群。四川传统方法饲养 20 000 余群，活框饲养约 40 000 群。

（五）品种保护与研究利用

贵州省畜牧总站 2006 年测定工蜂的主要形态数据与 1984 年测定结果相比无显著差异，说明云贵高原中蜂的形态特征性状稳定。有关研究机构对云贵高原中蜂进行了比较生物学、生态学、形态学、遗传学等多方面的研究。2001 年，谭垦等研究发现，云南的东方蜜蜂可以分为两大类型：第一种类型是分布在纬度 25°以南，海拔在 1 600 米以下的亚热带地区；第二种类型是分布在纬度 25°以北，海拔在 1 600 米以上的温带地区。2009 年，张祖芸等对乌蒙山系东方蜜蜂的形态学及分类地位进行研究，发现该地区蜜蜂与云南省内南部东方蜜蜂分开，与德钦东方蜜蜂形成一个类群。2011 年，胡宗文等对云南省不同生态区域东方蜜蜂形态特征研究发现，从滇南—滇中—滇西北，随纬度或海拔的增加，形态特征变异的总趋势是：蜜蜂个体增大、体色变深。2012 年，李华等研究发现，云南省中西部地区与云南北部高海拔区（宾川、丽江、德钦）集合为 1 个类群，云南东部低纬区（开远、元江、河口）与南部低纬区（蒙自、景洪、屏边、思茅）为 1 个类群。

尚未建立云贵高原中蜂保种场或保护区，亦未建立品种登记制度，主要由蜂农自繁自养。

（六）品种评价

云贵高原中蜂个体大，抗寒能力强，适应性较广；分蜂性弱，能维持较大的群势；采集能力强；抗中蜂囊状幼虫病和欧洲幼虫腐臭病能力较弱；性情较凶暴；可作为育种素材。

五、长白山中蜂

长白山中蜂，俗称野山蜜蜂，是半野生的土著蜂种，其特点是工蜂前翅外横脉中段常有一小突起，肘脉指数高于其他中蜂，为中华蜜蜂的一个东北生态型。

（一）一般情况

1. 中心产区及分布

长白山中蜂分布在吉林的桦甸、蛟河、永吉、磐石、舒兰、安图、敦化、和龙、汪清、辉南、梅河口、柳河、集安、通化、长白、抚松、临江、靖宇等20多个县市和辽宁的桓仁、宽甸、新宾、凤城等县市以及黑龙江的密山、虎林、饶河等县市的部分山区。吉林省的长白山中蜂占总群数的85%以上。

2. 产区自然生态条件

长白山中蜂分布区系长白山区及长白山余脉区域，东部与俄罗斯接壤，东南部隔图们江、鸭绿江与朝鲜相邻。分布区内山岭起伏，河谷环绕。长白山主峰海拔2 691米，山区盆地海拔80米。属温带大陆性气候，年平均气温2.6 ~ 6.3℃，极端最高气温38℃，极端最低气温－42.6℃；无霜期110 ~ 153天。年降水量636 ~ 998毫米，全年相对湿度70% ~ 72%。

分布区内河流较多，降水充沛，土质肥沃，植被繁茂，森林覆盖率达50%以上，野生蜜源植物丰富。主要蜜源有椴树、槐树、山花；辅助蜜源植物有数百种：4月的侧金盏、柳树，5月的槭树、稠李、忍冬，6月的山里红、山猕猴桃、黄柏，7月的珍珠梅、柳兰、蚊子草，8月的胡枝子、野豌豆、益母草、月见草，9月的兰萼香茶菜等，为长白山中蜂繁殖和生产提供了优越的蜜粉源条件。

（二）品种来源与变化

1. 品种形成

长白山中蜂是半野生的土著蜂种，它是在长白山生态条件下，经过长期自然选择而形成的中华蜜蜂的一个类型。

长白山中蜂饲养历史悠久，最早的记载始于唐代。长白山区在明代已经出现了用空心树洞饲养中蜂的饲养方式（图2-19）。到了清代，清政府在长白山设立了"打牲乌拉"机构及蜜户，世袭专职从事采集野生蜂蜜和桶养中蜂的贡蜜生产活动。20世纪20年代，吉林桦甸等地提倡应用活框蜂箱饲养中蜂，使传统饲养的中蜂和活框饲养的中蜂并存。

图2-19　在树洞内筑巢的野生型长白山中蜂

2. 群体规模与变化情况

长白山中蜂几经进化与发展，以其优越的适应力和生存能力，一直以来都是当地蜂业生产中的当家品种。然而，20世纪20年代，西方蜜蜂的大量引进和快速发展，引发了中、西蜂间的生存竞争；20世纪50年代以后，长途转地放蜂生产的兴起，使西蜂饲养快速覆盖了长白山区，种间竞争致使生态一度失衡。20世纪60年代开始，中蜂进入衰落时期；20世纪

90 年代以来，随着长白山区整个生态系统的恢复和西蜂势力的锐减，长白山中蜂又出现了初步的复兴趋势。长白山区和小兴安岭地区传统饲养的长白山中蜂，1983 年有 40 000 多群，2001 年降为 19 800 群，2008 年约有 19 000 群。

受中蜂囊状幼虫病的影响，长白山中蜂数量一直在减少，现仅分布于长白山区 20 多个县、市，且蜂群密度下降，有的县仅有几百桶，是中蜂数量最少的生态型，处于濒危状态。

（三）品种特征和性能

1. 形态特征

长白山中蜂受蜜源生态区域隔离环境的影响，形成多个小的生态区域，长期以来，在小区域内自成繁殖体系，如长白山东北部野生和家养的中蜂以黑灰色为主，敦化、汪清和安图北部的中蜂几乎都是黑灰色，有的蜂群体色一致，纯度较高；而蛟河、桦甸、永吉、辉南一带的中蜂却是以黄灰色为主，局部地方中蜂全是黄灰色；在长白山西南部的通化、白山等地区，有的地方中蜂以黑灰色为主，有的地方中蜂则以黄灰色为主；更多的地方则是黑灰、黄灰混杂，一个蜂群中有 2 种体色的工蜂。但蜂王均为黑色或黑红色，个体较大，腹部较长，尾部稍尖，腹节背板呈黑色，有的蜂王腹节背板上有棕红色或深棕色环带（图 2-20）；雄蜂为黑色，个体小，毛呈深褐色至黑色（图 2-21）；工蜂个体小，体色以黑灰色和黄灰色为主，各腹节背板前缘均有明显或不明显的黄环（图 2-22）。长白山中蜂的肘脉指数明显高于其他中蜂，为 5.13 ~ 6.39，而一般中蜂为 3.78 ~ 4.61。同时在形态鉴定中进一步证实了30%～80%的长白山中蜂在前翅外脉中段常有一个小突起的报道，这是长白山中蜂的一大特征。长白山中蜂主要形态指标见表2-5。

图2-20 长白山中蜂蜂王　　图2-21 长白山中蜂雄蜂　　图2-22 长白山中蜂工蜂

表2-5　长白山中蜂主要形态指标

初生重（毫克）	吻长（毫米）	前翅长（毫米）	前翅宽（毫米）	肘脉指数	第3＋4腹节背板总长（毫米）
102±4.4	4.84±0.09	8.59±0.12	2.94±0.05	5.76±0.63	4.15±0.09

注：2006年9月由吉林省养蜂科学研究所测定。

2. 生物学特性

长白山中蜂繁殖力强，育虫节律陡，蜂王有效日产卵量可达960粒左右，春季繁殖较快，于5～6月达到高峰，最强群势维持15框蜂，分蜂多，最多一个原群年分蜂10群以上。早春最小群势1～3框蜂，生产期最大群势12框以上，维持子脾5～8张，子脾密实度90%以上（图2-23），越冬群势下降8%～15%。抗寒性强，在－40～－20℃的低温环境里不包装或简单包装便能在室外安全越冬，饲料消耗少，约为西方蜜蜂的1/3。采集力强，能利用山区各种零散蜜源和主要蜜源，在树洞中能筑造长1米以上的封盖蜜脾，原群产蜜量超过在中蜂区定地饲养的西蜂；抗病力较强，未发现过中蜂囊状幼虫病。

图 2-23　长白山中蜂蜂脾

3. 生产性能

（1）蜂产品产量　现在，长白山中蜂以三种形式生存：一是以野生的形式生存，即野生在树洞、石窟、土洞、墙洞、坟墓内等；二是以半野生的形式生存，即固定在木桶内饲养；三是以家养的形式生存，即活框饲养在蜂箱中。长白山中蜂主要生产蜂蜜，其中野生中蜂平均群蜂年产蜜量为 11 千克，最高群产 30 多千克，最低群产 3.5 千克；桶养中蜂平均群蜂年产蜜量为 49 千克，最高群产 90 千克，最低群产 22 千克；箱养中蜂平均群蜂年产蜜量为 60 千克，最高群产 69 千克，最低群产 20 千克。

（2）蜂产品质量　传统方式饲养的长白山中蜂生产的蜂蜜为封盖成熟蜜，一年取蜜一次，含水量在 18% 以下，含糖量在 4% 以下，淀粉酶值在 8.3 以上，保持着原生态风味。

（四）饲养管理

长白山中蜂定地饲养占 95%，定地与小转地结合饲养仅占 5%。一般养蜂户饲养 2 ~ 20 群，中等蜂场饲养 30 ~ 80 群，大型蜂场饲养

100 ~ 200 群。85% 以上的长白山中蜂采用传统方式饲养，15% 以下为活框饲养。冬季多数为室外越冬，少数为室内越冬。

（五）品种保护与研究利用

20 世纪 90 年代，吉林省养蜂科学研究所应用人工授精技术和自然交尾方法，从长白山中蜂中选育出黄系和黑系。

吉林省养蜂科学研究所自 20 世纪 80 年代对长白山中蜂资源进行了调查，并于 1994 ~ 1998 年先后建立长白山中蜂试验场、保种场，利用天然隔离优势建立了长白山中蜂核心保护区。2004 ~ 2007 年对长白山中蜂进行了基因组 DNA 多态性研究，发现长白山中蜂与其他中蜂之间存在着许多不同点。2008 年长白山中蜂收入蜜蜂基因库保存。

（六）品种评价

长白山中蜂具有繁育快、维持强群、采集力强、抗逆性强、性情温驯、抗寒等优良性状，是珍稀的遗传资源，具有研究和开发利用前景。

六、海南中蜂

海南中蜂为中华蜜蜂的一个类型，因分布于海南岛而得名。它是海南独有的中华蜜蜂种质资源，是以热带雨林为主的森林群落及传统农业的主要传粉昆虫。

（一）一般情况

1. 中心产区及分布

海南中蜂分布于海南岛，全岛多数地区都曾有大量分布，由于所处的生态环境不同，形成两种明显不同的生态类群，第一个类群主要来自海拔低于200米的地区，以文昌市等沿海地区为主的椰林区蜂种，当地称为椰林蜂；第二个类群是海拔高于200米的地区，生活在山区的蜂种，当地称为山地蜂。目前海南中蜂主要分布于本岛北部的海口、澄迈、定安、文昌，中部的琼中、五指山、白沙、屯昌、保亭、陵水以及临高、儋州、琼海等市县和垦区各农场一带。其中，椰林蜂集中于海南岛北部的文昌、琼海、万宁和陵水一带沿海。"山地蜂"主要分布在中部山区，集中在琼中、琼山、乐东和澄迈等地，以五指山脉为主聚集区。

2. 产区自然生态条件

海南岛位于北纬18°10'～20°10'、东经108°37'～111°03'，全岛四周低平，中间高耸，呈穹隆山地形。山地和丘陵占全岛面积的38.7%。属热带季风海洋性气候，基本特征是四季不分明，夏无酷暑、冬无严寒，年平均气温高。11月至翌年4～5月为旱季，5～10月是雨季。年平均气温23～25℃，1～2月最冷，平均气温16～24℃，极端低温在5℃以上；7～8月最热，平均气温25～29℃。年降水量在1 600毫米左右，降水主要集中在夏秋季。光照时间长，多热带风暴、台风。森林覆盖率达50%。由于长夏无冬，植物生长快、种类繁多，是热带雨林、热带季雨林的原生地。蜜源植物150多种，主要蜜源植物有荔枝、龙眼、桉树、柃木、鸭脚木、乌桕（图2-24）、椰子、红树林、槟榔、木棉、梅花、女贞等，常年花开不断。

图 2-24　海南中蜂采集乌桕（徐新建　摄）

（二）品种来源与变化

1. 品种形成

海南中蜂是原产地海南岛的自然蜂种，是在海南岛生态条件下，经过长期自然选择而形成的中华蜜蜂的一个类型，因所处的生态环境的差异，又分为椰林蜂和山地蜂。

20 世纪初，海口市琼山区已有人养蜂。当时海南岛与东南亚通商日趋频繁，蜂蜜已成为商品，促使当地农民收捕野生中蜂，放入竹笼、木桶、椰筒等容器中饲养，毁巢取蜜。

2. 群体规模与变化情况

海南中蜂饲养量 1982 年有 26 000 群，野生蜂 15 000 群左右。由于蜜源植物减少、岛外西方蜜蜂和其他类型的中蜂大量引入等因素的影响，对海南中蜂的种质资源构成了威胁，致使海南中蜂的分蜂性增强，群势变小，生产性能下降。海南中蜂现存数量没有确切的统计数据，据估计，截至 2014 年，海南中蜂的数量约为 140 000 群。

（三）品种特征和性能

1. 形态特征

海南中蜂蜂王体色呈黑色（图2-25），雄蜂体色呈黑色（图2-26），工蜂体色呈黄灰色，各腹节背板上有黑色环带（图2-27）。工蜂体长10.5～11.5毫米，吻总长4.69毫米±0.13毫米，前翅长7.79毫米±0.8毫米，宽2.95毫米±0.06毫米，第3＋4背板长3.84毫米±0.07毫米，第4背板突间距4.04毫米±0.06毫米，肘脉指数4.53±0.96，第3＋4节背板呈黄色，小盾片黄色。

图2-25 海南中蜂蜂王（左：山地蜂；右：椰林蜂）

图2-26 海南中蜂雄蜂（左：山地蜂；右：椰林蜂）

图2-27 海南中蜂工蜂（左：山地蜂；右：椰林蜂）

2. 生物学特性

海南中蜂处于野生、半野生或家养状态。在自然界中，蜂群栖息在树洞、岩洞等隐蔽场所，造复脾。雄蜂幼虫巢房有2层突起的封盖，内盖呈尖笠状凸起，中央有气孔，蛹成熟时露出内盖。群势较小，维持1～3千克

（15 000 ~ 35 000 只工蜂）。山地蜂较温驯，但育王期较凶；椰林蜂较凶暴，但育王期比山地蜂温驯。采集半径 1 000 ~ 2 000 米。分蜂性强，分蜂期营造 7 ~ 15 个王台，不能维持大群。生存受威胁时，易发生整群弃巢迁徙，发生飞逃。对蜡螟抵抗力弱，易患囊状幼虫病和欧洲幼虫腐臭病，抗美洲幼虫病和白垩病。为大蜂螨原寄主，但具抗大、小蜂螨的能力，而且飞行灵活，善避胡蜂捕害。产卵有节，消耗少。个体耐寒性强，适应利用南方冬季蜜源。

山地蜂栖息地蜜源植物种类丰富，但有明显的流蜜期和缺蜜期，采集力比椰林蜂强，善于利用山区零星蜜粉源，无须补喂饲料。椰林蜂（图 2-28）长期生活在以椰林为主要蜜源的环境中，椰子常年开花，蜜粉充足，无明显的缺蜜期，因此形成了繁殖力强、产卵圈面积大、分蜂性强等特点，可连续分蜂，无明显分蜂期，喜欢采粉，采蜜性能差，储蜜少，在大流蜜期也如此。

图 2-28　海南中蜂蜂脾（椰林型，冯毛　摄）

3. 生产性能

海南中蜂饲养未列入生产管理范围，中蜂新法改良饲养技术的推广应用发展缓慢。海南中蜂多数处于半野生状态，以往的饲养方法主要以竹笼、木桶、椰筒、木箱等为蜂箱的传统方法，每年在清明前后取蜜一次，采用割巢毁脾取蜜的方式，每桶取蜜5～20千克。蜂群发展以自然分蜂为主，不进行人工育王和人工分群。近几年少量的养蜂专业户和农民养蜂合作社采用现代活框饲养技术，提高了养蜂的经济效益，对促进海南省养蜂业的发展起到积极的作用。活框饲养的山地蜂年均群产蜂蜜25千克，活框饲养的椰林蜂年均群产蜂蜜15千克。海南中蜂所产蜂蜜含水量一般在21%左右。

（四）饲养管理

海南中蜂多数处于半野生状态，人工饲养大多为家庭副业或业余爱好饲养，但近几年出现了一批饲养海南中蜂的专业户，其中定地饲养占85%，定地结合小转地饲养占15%。每户饲养1～20群，较大的蜂场饲养20～50群，专业户饲养50～200群，多的甚至能达500群以上。

采用活框饲养的约占65%（图2-29），采用椰筒或其他木桶等传统饲养的约占35%。

图2-29　海南中蜂活框饲养（冯毛　摄）

（五）品种保护与研究利用

2004年对海南中蜂资源进行调查和样本采集，并由吉林省养蜂科学研究所和广东省昆虫研究所进行分子遗传学研究和形态测定。

2009 年 5 月，海南省农业厅把海南中华蜜蜂列入《海南省第一批畜禽遗传资源保护品种名录》（琼农字 [2009]87 号），并上报国家畜禽遗传资源管理委员会，建议列入国家畜禽遗传资源保护品种名录并建立海南中华蜜蜂自然保护区，并着手计划在琼中建立海南中蜂保护区，避免外来物种侵扰，保护海南中蜂的生存环境。

海南中蜂资源面临的问题

虽然海南中蜂具备优良的生物学特性，但长期以来海南省在蜜蜂种质资源的管理、保护和利用方面，缺乏有效措施，使海南中蜂资源面临着许多问题：

第一，随着广东和广西的大陆中蜂大量的人为迁入，海南中蜂种质资源因遗传结构的改变已难以存在，抢救海南中蜂刻不容缓。

第二，随着经济发展，土地被不断开发利用，严重破坏野生海南中蜂生存环境，而且大规模单一农作物的种植方式，减少蜜源植物种类和缩短花期，形成缺蜜期，同时农药的大量使用对海南野生中蜂和人工饲养海南中蜂均构成了严重威胁。

第三，人为引进岛外中蜂更替蜂种则是造成海南本土中蜂减少的另一个主要原因。针对这些问题，迫切需要建立海南中蜂资源保护区，为以后研究、扩繁提供丰富的种质资源基础。

（六）品种评价

海南中蜂是我国宝贵的蜜蜂遗传资源，当地可利用海南优越的自然条件，饲养海南中蜂，开发生产天然巢蜜等多元化优质蜂产品，借海南岛生态旅游的平台，使海南中蜂的经济效益大幅度提高，为海南岛山区经济发展作出贡献。

七、阿坝中蜂

阿坝中蜂为中华蜜蜂的一个类型，是我国宝贵的蜂种资源和优良的育种素材，也是四川省列入国家濒危动物遗传资源保护名录的两个品种之一。

（一）一般情况

1. 中心产区及分布

阿坝中蜂原产于马尔康，主要分布在雅砻江、大渡河上游的四川阿坝、甘孜两地，青海东部和甘肃东南部也有分布，包括大雪山、邛崃山等海拔2 000米以上的高原及山地，其自然生存地周围有高原、高山与其他东方蜜蜂亚种繁衍地域隔离。中心分布区在马尔康、金川、小金、壤塘、理县、松潘、九寨沟、茂县、黑水、汶川等县市，青海东部和甘肃东南部亦有分布，其中马尔康是最好的种源之地。

2. 产区自然生态条件

阿坝藏族羌族自治州位于四川省西北部，面积8.42万平方千米，地形、地貌十分复杂。除海拔3 500米以上的高原没有野生蜜蜂外，各区域都栖息有大量野生蜂群。

阿坝中蜂自然分布区在四川省西北部，地处青藏高原东南缘、横断山脉北端与川西北高山峡谷的接合部，是四川盆地向青藏高原隆升的梯级过渡地带，海拔 2 000 ~ 3 500 米，地貌以高原和高山峡谷为主。

中心分布区属高原寒温带半湿润季风的高山河谷气候，春秋相连，干雨季分明；春冬季空气干燥、昼夜温差大，夏秋季降水集中。年平均气温 11.3℃，1 月平均气温 7.9℃，8 月平均气温 11.7℃，无霜期 120 ~ 220 天。年均降水量 >700 毫米。

主要蜜粉源植物有川康小蘗、藿香属植物、凤毛拔菊、密齿柳、球果石宗柳、轮叶马先蒿等野生植物，花期为 4 ~ 9 月；辅助蜜源有桃、梨、苹果、紫苏、冬青以及十字花科和禾本科的农作物，花期为 3 ~ 9 月。大流蜜季节为 5 ~ 6 月，8 月蜜粉较少，蜂群一般断子度夏。

（二）品种来源与变化

1. 品种形成

阿坝中蜂养殖具有悠久的历史，是分布区内的自然蜂种，是在四川盆地向青藏高原隆升过渡地带生态条件下，经过长期自然选择而形成的中华蜜蜂的一个类型，是典型的中华蜜蜂地方良种。

20 世纪 80 年代对分布于阿坝地区东方蜜蜂的分类意见不一，有学者认为它属于中华蜜蜂的一个地理种，另有学者认它已形成亚种。1988 年开始，中国农业科学院蜜蜂研究所杨冠煌研究员对四川西北部海拔 2 000 米以上的高山峡谷区和高原区的阿坝中蜂资源分布、主要生物学特性、变异及经济价值等进行深入研究。他深入阿坝州各地及甘孜州北部进行生态环境、蜂群生物学考察，同时开展酯酶同工酶等电聚集电泳，发现阿坝中蜂具有不同于其他中蜂的独特的酯酶电泳带。通过 3 年考察，杨冠煌等认为：在四川西北部高原的大渡河上游，存在阿坝中蜂的稳定种群，它们具有比较一致的形态特征及生物学特性，适应高纬度、高海拔的高山峡谷生态环境，为丘陵和平原之间的过渡类型。因此，得出阿坝中蜂是具有工蜂个体大、群势强等优良性能的中蜂品种，可作为人工选育的优良品种资源。

2. 群体规模与变化情况

（1）群体规模　目前四川阿坝全州现有蜂群 110 000 余群，中蜂养殖户近 5 000 户。

（2）发展变化　20 世纪 70 年代以前，阿坝中蜂数量较多，当地谚语称，"养蜂不用种，只要勤做桶"。20 世纪 70 年代以后，阿坝中蜂数量呈下降趋势，维持群势的能力变小，部分地区已出现混杂现象。目前，马尔康仍有野生阿坝中蜂存在，分蜂季节有的收蜂点可以收到野生阿坝中蜂。

目前，由于西方蜜蜂的引进和饲养，在阿坝中蜂核心区实行区域封闭式发展养蜂业，近些年来阿坝中蜂的生存环境不断受到外来蜜蜂影响，种群生存条件日趋恶化，品种的繁衍生存受到严重威胁。其他类型中蜂的进入，与本地阿坝中蜂杂交，致使部分阿坝中蜂血统混杂。再加上中蜂囊状幼虫病的危害、蜜源植物的减少等因素，导致阿坝中蜂群数减少。另外，由于自然灾害等的影响，如 2008 年的低温冷冻气候，致使 40% ~ 80% 的家养阿坝中蜂和 60% ~ 90% 野生阿坝中蜂死亡，阿坝中蜂已处于濒危维持状态。如果这个优良的品种资源得不到及时保护，将濒临消失。

（三）品种特征和性能

1. 形态特征

阿坝中蜂是东方蜜蜂中华亚种中个体较大的一个生态型。蜂王呈黑色或棕红色（图2-30）；雄蜂呈黑色（图2-31）；工蜂的足及腹节腹板呈黄色，小盾片呈棕黄色或黑色，第3＋4腹节背板黄色区很窄，黑色带超过2/3（图2-32）。工蜂初生重80毫克，成熟后体长12.0～13.5毫米，不同类型的成员有着少许体型特征的差异。通过1976～1983年的全国中蜂资源调查，测出马尔康等地的中蜂工蜂的前翅长达9.0毫米，吻总长5.45毫米，第3＋4背板长4.21毫米，第4背突间距4.46毫米，工蜂巢房内径5.0毫米，第3＋4背板黑色斑占60％以上。阿坝中蜂的工蜂是全国体型最大的中蜂。

图2-30 阿坝中蜂蜂王　　　图2-31 阿坝中蜂雄蜂　　　图2-32 阿坝中蜂工蜂

2. 生物学特性

分蜂性弱，性情温驯，极少发生迁徙。蜂王产卵趋势稳定，日产卵量800～1 200粒，一般从2月下旬开始产卵，蜂群开始繁殖，秋季外界蜜源终止后，蜂王于9月底10月初停止产卵，繁殖期8个月左右。能维持2.5～3.5千克的群势，子脾密实度50％～65％（图2-33），越冬群势下降率为50％～70％。春季开始繁殖较迟，但繁殖快。在蜜源较好的情况下，每年可发生1～2次自然分蜂，每次分出1～2群。能充分利用大宗蜜源，也能充分利用零星、分散的蜜源，生产性能高。在同一采集地区，阿坝中蜂每日外出采集时间一般比其他蜂种提早或延迟 2 ~ 3 小时，阿坝中蜂在气温 3 ~ 4℃时工蜂仍然能外出采蜜，能在较低气温中正常采蜜，保障了早春和晚秋在较低气温中开花的植物物种的授粉。具有个体耐寒性强、飞行灵敏、抗病能力强等优点，具有较强的野外生存能力，能够抵抗胡蜂的攻击，与胡蜂处于共存的平衡状态，西方蜜蜂则不能抵抗胡蜂的攻击。处于野生、半野生状态下的阿坝中蜂，能够在树洞、岩洞等隐蔽场所造脾。能适应恶劣的气候条件和高纬度、高海拔的高山峡谷森林环境，是不可多得的生物品种资源，可以作为人工选育的优质种质资源。

图 2-33 阿坝中蜂蜂脾

3. 生产性能

（1）蜂产品产量   阿坝中蜂的产品主要是蜂蜜，产量受当地气候、蜜源等自然条件的影响较大，年均群产蜂蜜 10 ~ 25 千克，蜂花粉 1 千克，蜂蜡 0.25 ~ 0.5 千克。

（2）蜂产品质量   阿坝中蜂原产地所产蜂蜜浓度较高，一般含水量 18% ~ 23%。

（四）饲养管理

定地饲养的阿坝中蜂占 90% 以上，少量蜂群为小转地饲养。一般一个蜂场饲养 10 ～ 90 群，以取蜜为主。80% 蜂群采用活框饲养，20% 采用传统方式饲养（图 2-34）。大部分蜂群在本地越冬和春繁。

图 2-34　箱、桶养式阿坝中蜂（李建科　摄）

（五）品种保护与研究利用

近几十年来，受西方蜜蜂和东方蜜蜂其他亚种的侵扰，以及气候变暖、蜜源植物减少、囊状幼虫病危害等因素影响，阿坝中蜂种群数量减少，迫切需要保护和提高其品质。2008 年马尔康市在阿坝中蜂分布的核心区建立了市级"阿坝中蜂自然资源保护区"，发布了保护通告，建立了保种场，对阿坝中蜂进行保护。2009 年阿坝州畜禽繁育改良站向国家扶贫办申请了"阿坝养蜂特色产业科技扶贫"的科技扶贫综合试点项目，得到批准立项，对阿坝中蜂进行提纯复壮选育，培训蜂农，推广养蜂优质高产配套技术，同时推进阿坝中蜂的保护和利用。

2015 年 3 月农业部第 2234 号公告，马尔康阿坝蜜蜂保种场被确定为第四批国家级畜禽遗传资源保种场，这将进一步推进阿坝中蜂资源保护与开发利用工作的开展。但尚未建立阿坝中蜂保护区。

（六）品种评价

阿坝中蜂处于野生、半野生和家养状态，是当地各种被子植物的主要传粉昆虫，经过长期进化繁衍，与当地植物长期互相适应共同进化，造就了当地植物的多样性，同时也形成了一个稳定的自然种群。个体较大，能维持较大群势，采集力强，适应高海拔的高山峡谷生态环境，是适宜我国西部高寒山地饲养的一个优良遗传资源，可以作为人工选育的优良种质资源，应进一步加强研究和开发利用，并将其列入国家蜜蜂基因库和保种场的保护对象。

八、滇南中蜂

滇南中蜂为中华蜜蜂的一个类型。

（一）一般情况

1. 中心产区及分布

主要分布于云南南部的德宏傣族景颇族自治州、西双版纳傣族自治州、红河哈尼族彝族自治州、文山壮族苗族自治州和玉溪市等地。

2. 产区自然生态条件

产区位于云南南部的横断山脉南麓，地形复杂，高山、丘陵、河谷、盆地相间，河流众多，水资源丰富。滇南丛林地区属于低纬度、低海拔的热带、亚热带，具有高温、高湿、多雨等气候特点，有利于植物生长。

大部分地区海拔 800 ~ 1 300 米，属南亚热带湿润气候类型，年平均气温 17.7 ~ 20.2℃，年降水量1 200 ~ 2 200毫米。一般年份无霜，干湿季节分明，气候垂直变化显著，气温的季节变化不明显，林地广阔，森林植被极其丰富，蜜源植物种类繁多。

滇南中蜂中心分布区的蜜源植物主要有油菜、荔枝、龙眼、杜鹃、苕子、乌桕、漆树、盐肤木、鹅掌柴、野坝子以及栎属等。

（二）品种来源与变化

1. 品种形成

滇南中蜂是产区内的自然蜂种，它是在横断山脉南麓生态条件下，经长期自然选择而形成的中华蜜蜂的一个类型。

在滇南少数民族的传说、神话、故事、叙事长诗、情歌、寓言等民族民间文学中，均可见到关于蜜蜂的叙述。文山州的苗族民间传说《蜜蜂叮人为何掉针》的故事描述了蜜蜂行蛰行为和巢房中蜜蜂幼虫的生物学特点，幽默风趣。石屏县花腰彝族的男人喜欢养蜜蜂，在建造土屋时，在土屋的墙壁四周掏有蜜蜂窝以饲养蜜蜂。由此可见，滇南少数民族在其发展的历史中，早就和蜜蜂结下不解之缘。

2. 群体规模与变化情况

截至 2008 年，滇南中蜂饲养量约 200 000 群，饲养管理方式多为传统饲养模式，数量稳定，无明显变化，无濒危危险。

（三）品种特征和性能

1. 形态特征

滇南中蜂，蜂王触角基部、额区、足、腹节腹板呈棕色（图2-35）；雄蜂呈黑色（图2-36）；工蜂体色黑黄相间，体长9.0～11.0毫米（图2-37）。其他主要形态指标见表2-6。

表2-6　滇南中蜂主要形态指标

前翅长（毫米）	前翅宽（毫米）	肘脉指数	第3+4腹节背板总长（毫米）
8.16±0.02	2.89±0.07	3.75±0.26	3.69±0.14

注：2000年8月由云南农业大学东方蜜蜂研究所测定。

图2-35　滇南中蜂蜂王

图2-36　滇南中蜂雄蜂

图2-37　滇南中蜂工蜂

2. 生物学特性

滇南中蜂（图2-38）蜂王产卵力较弱，盛产期日产卵量为500粒。分蜂性较弱，可维持4～6框的群势。前翅较短，采集半径约900米。吻较短，采集力较差。耐热不耐寒，外界气温在37～42℃时，仍能正常产卵。

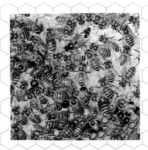
图2-38　滇南中蜂蜂脾

3. 生产性能

滇南中蜂主要用于生产蜂蜜，也生产蜂蜡。

（1）蜂产品产量　滇南中蜂传统方式饲养的年均群产蜜 5 千克，活框饲养的年均群产蜜 10 千克。

（2）蜂产品质量　滇南中蜂所产蜂蜜质量较差，杂质含量较高。

（四）饲养管理

滇南中蜂主产区活框饲养历史较短，活框饲养技术没有得到推广应用，基本停留在传统饲养方式上，养蜂生产发展潜力较大。

（五）品种保护与研究利用

尚未建立滇南中蜂保种场或保护区。

自 1960 年起，云南先后对东方蜜蜂和西方蜜蜂进行了研究。近 30 年来，云南农业大学对云南蜜蜂蜂种资源和蜜源资源、东方蜜蜂遗传多样性和遗传选育、东方蜜蜂化学生态学、野生蜜蜂种质评价等开展了研究，并建立了云南蜜蜂资源标本室。

（六）品种评价

滇南中蜂耐高温、高湿。工蜂吻短，采集半径小，蜂群群势小，对当地丰富的蜜源资源和高热、高湿环境适应性强，是滇南适应性较强的中蜂类型。

九、西藏中蜂

西藏中蜂又称藏南中蜂，为中华蜜蜂的一个类型。

（一）一般情况

1. 中心产区及分布

西藏中蜂数量较多，初步估计在 10 万群以上，主要分布在以下四个地区：喜马拉雅山南坡、雅鲁藏布江中下游、藏东南高原边缘阔叶林区、藏东三江流域，海拔 2 000 ~ 4 000 米的地区。其中，林芝市的墨脱、察隅和山南市的错那等县蜂群较多，是西藏中蜂的中心分布区。云南西北部的迪庆州、怒江州北部也有分布。

2. 产区自然生态条件

西藏中蜂的主产区为西藏东南部的林芝市和山南市的错那县。

林芝市位于西藏自治区东南部，东南低处正好面向印度洋开了一个大缺口，顺江而上的印度洋暖流与北方寒流在念青唐古拉山脉东段一带会合驻留，造成了林芝的热带、亚热带、温带及寒带气候并存的多种气候带。印度洋暖流的常年鱼贯而入，形成了林芝特殊的热带湿润和半湿润气候，四季较为明显，夏无酷暑，冬无严寒，年降水量 650 毫米左右，年均温度8.7℃，年均日照 2 000 多小时，无霜期 180 天。

林芝海拔平均 3 000 米左右，是青藏高原海拔最低的地区，素有"西藏江南"的美誉。该地区交通条件好，气候十分宜人，雨量充沛，林木郁郁葱葱，植被覆盖率高，森林覆盖率 46.09%，为中国第三大林区，西藏森林的 80% 都集中在这里。林芝已发现和证实的林木就有 3 500 多种，是世界现存比较完好的动植物资源库。不仅野生蜜粉源植物丰富，栽培作物如油菜种植面积大，花朵鲜亮，气味芬芳，有群众养蜂的基础，是发展蜂业特别是生产有机蜂产品的绝佳之地。

山南市处于雅鲁藏布江中游，北面是念青唐古拉山，南到喜马拉雅山及其南麓。西从羊卓雍湖、普莫湖，东到朗县的金东、苏班西里河。包括乃东、贡嘎、扎囊、曲松、隆子、错那等13个县（区）。尤其是喜马拉雅山南麓的隆子县扎日区和错那县的勒布区，受印度洋洋流的影响，形成了亚热带阔叶林区、温带阔叶林区和温带阔叶与针叶混交林区的垂直分布。年平均降水量接近400毫米。错那县野生动植物资源也十分丰富，为动植物的天然基因库。四大高等植物门类齐全、蜜粉源植物种类很多种类繁多。

产区内蜜源植物丰富，主要蜜源植物有油菜、荞麦、白刺花、芜菁、苹果、栽秧泡、刺玫瑰花、草木樨、紫苜蓿、豌豆（图2-39）、鹅掌柴及枸属植物等。有多种热带和亚热带常绿蜜源植物，花期多数集中在6～9月。

图2-39 西藏中蜂采集豌豆花粉（徐新建 摄）

（二）品种来源与变化

1. 品种形成

西藏中蜂是其分布区内的自然蜂种，是在西藏东南部林芝市和山南市生态条件下，经长期自然选择而形成的中华蜜蜂的一个类型。

目前，对西藏中蜂的分类地位尚未完全确定。1944 年马骏超根据对西藏南部蜜蜂干标本的研究，将其确定为 *Apis indica skorikovi* Maa，而后国际统一命名后改为 *Apis cerana skorikovi*。杨冠煌等对西藏中蜂样本的形态鉴定以及对西藏中蜂生物学特性进行综合性考察，并结合当地的生态条件，认为西藏南部的中蜂是不同于中华中蜂也不同于印度蜜蜂的品种。但按目前的分类系统来区划，西藏中蜂的形态依然与中蜂接近，可作为中蜂的一个地理种。

2. 群体规模与变化情况

目前，西藏中蜂基本处于野生状态，群体数量不详，初步估计有100 000 群以上。人工饲养的西藏中蜂很少，有 2 000 群左右。饲养技术落后，大部分仍沿用木桶饲养。养蜂也不是为了产蜜，而是家中有蜂表示吉祥。察雅县具有养蜂传统，历史上全县养蜂最多时达 2 000 多群，最高产量每群年产蜂蜜 30 ~ 40 千克。1975 年前后，因农药中毒和蜂病危害，蜂群大大减少，到 1982 年全县只有 100 多群。贡觉县沿金沙江几个区野生中蜂较多，群众喜欢食蜜，但一般无养蜂习惯，多取野生中蜂的蜂蜜食之，仅有个别户养蜂。

（三）品种特征和性能

1. 形态特征

西藏中蜂工蜂体长 11 ~ 12 毫米，体色灰黄色或灰黑色，第 3 腹节背板常有黄色区，第 4 腹节背板黑色，第 4、第 5、第 6 腹节背板后缘有黄色绒毛带。第 5 腹节背板狭长，第 3 腹节背板超过 4.0 毫米，但小于 4.38 毫米，腹部较细长。其他主要形态特征见表 2-7。

表 2-7　西藏中蜂主要形态指标

吻长 （毫米）	前翅长 （毫米）	前翅宽 （毫米）	肘脉指数	第 3 + 4 腹节 背板总长（毫米）
5.11 ± 0.05	8.63 ± 0.12	3.07 ± 0.07	4.61 ± 0.76	4.16 ± 0.76

2. 生物学特性

西藏中蜂是一种适应高海拔地区的蜂种。在山南市错那县的西藏中蜂群势较小，分蜂性和迁徙习性强，采集力较差，但耐寒性强。与滇南中蜂相比，西藏中蜂的翅、吻均较长，体色较黑，腹较宽，个体较大。因其生产性能较低，故采用活框饲养的蜂群数量很少。

3. 生产性能

西藏中蜂多用传统圆木桶方式饲养，蜂群生产性能较差，蜂蜜产量较低，通常一桶蜂每年取蜜 1 ~ 2 次，年均群产蜂蜜 5 ~ 10 千克，用蜂箱饲养的蜂群，每箱蜂取蜜 2 ~ 3 次，年均群产蜂蜜 10 ~ 15 千克。

（四）饲养管理

西藏中蜂多为定地饲养，绝大多数蜂群用传统方法饲养（图 2-40），极少数蜂群用活框饲养。

图 2-40 采用木桶饲养方式养殖的西藏中蜂

（五）品种保护与研究利用

相关研究和保护工作均很少。尚未建立西藏中蜂保种场或保护区，未见对其进行生化或分子遗传方面的研究报告。

（六）品种评价

西藏中蜂分布于西藏东南部雅鲁藏布江中下游流域河谷、海拔 2 000 ～ 4 000 米地区，耐寒性强，是我国宝贵的蜜蜂遗传资源。迄今为止，很少对其进行活框饲养，也没有对其进行深入研究。很多专家认为，在西藏中蜂分布区内目前不宜盲目发展养蜂生产，以免造成外来蜂种的入侵，因此，对西藏中蜂进行活框饲养应慎之又慎。

十、浙江浆蜂

浙江浆蜂为蜂王浆高产型西方蜜蜂遗传资源，2009年经国家畜禽遗传资源委员会鉴定，确认为浙江浆蜂。

（一）一般情况

1. 中心产区及分布

浙江浆蜂的原产地在嘉兴、平湖和萧山一带，始发地在平湖乍浦。该地处于钱塘江畔和沿海区，蜜粉资源丰富，交通比较闭塞，隔离条件较好，为浙江浆蜂遗传资源的形成提供了独特的生态环境。中心产区为嘉兴、杭州、宁波、绍兴、金华、衢州市。除舟山外，浙江省10个地级市的91个县（市、区）都有饲养，饲养量达到万群。目前已推广到除西藏外的全国各地。

2. 产区自然生态条件

浙江地势由西南向东北倾斜，山地和丘陵占70.4%，平原和盆地占23.2%，河流和湖泊占6.4%，其特点为"七山一水两分田"。西南为山区，中部以丘陵为主，盆地错落其间。东北部是杭嘉湖平原，地势平缓，土层深厚，河网纵横，湖泊星罗棋布。

浙江属亚热带季风气候，温暖湿润，四季分明，光、热、水资源丰富。年平均气温8～15℃，极端最高气温43℃，极端最低气温－17.4℃；无霜期从3月中旬至11月下旬，225～280天。年平均相对湿度75%～85%，年降水量980～2 000毫米，全年分为春雨梅汛期和台风秋雨期。年平均日照时数1 710～2 100小时，适宜农作物生长，蜜粉源资源丰富，具备发展养蜂业的有利生态条件。

浙江地处东南沿海，地理位置优越，蜜粉源、植物品种繁多。全省栽培与野生蜜源植物240多种，总面积200万公顷以上。蜜源花期四季衔接，对养蜂生产非常有利。主要蜜粉源有油菜、紫云英、柑橘、枣花、乌桕、苕子、棉花、盐肤木、茶花、枇杷等10多种。油菜和茶树是本省最大的两个蜜粉源，油菜种植面积达21万公顷以上，茶树面积近15万公顷。辅助蜜粉源植物有蚕豆、野桂花、芝麻、板栗、瓜类等。较为丰富的辅助蜜粉源为蜂群复壮和培育越冬蜂、定地或小转地饲养、生产蜂王浆提供了有利条件。

（二）品种来源与变化

1. 品种形成

浙江是中国养蜂大省，其当家蜂种是意大利蜂。自20世纪60年代以来，浙江省杭嘉湖地区的蜂农为提高蜂王浆产量，在生产过程中，对饲养的意大利蜂的泌浆能力进行了长期定向选择，形成了一个形态特征相对一致、生物学特性相对稳定、王浆特别高产的蜜蜂遗传资源。由于其产浆力特强，又首先在平湖、萧山一带被发现的，因此被称为"平湖浆蜂"和"萧山浆蜂"，外地蜂农纷纷前去引种。

20世纪50年代末，桐庐县养蜂名人江小毛首创和推广了"有王群生产王浆"技术。平湖蜂农1960年开始生产蜂王浆，20世纪70年代群单框产浆量10～25克；在乍浦这个交通要塞、自然隔离条件好的地方，平湖的周良观、王进，嘉兴的孙勇，萧山的洪德兴等用本场的蜂群开展了群众性的选种育种工作。经过20多年群选群育，该地区蜂群的泌浆能力有了极大提高。

1986 年 12 月，平湖县农业局陆引法、徐明春等发现该县个别蜂场的王浆产量特别高，群单框产量达 40 ~ 50 克，并将这一发现向有关专家进行了反映，引起有关方面的重视。1987 ~ 1988 年浙江平湖县农业局联合中国农业科学院养蜂研究所和浙江农业大学畜牧兽医系，对王浆高产蜂群进行了考察，认为其产浆性能突出。1988 ~ 1989 年浙江省畜牧部门在全省组织推广浆蜂生产。

2. 群体规模与变化情况

浙江浆蜂向全省推广后，在该省普及较快。1989 年为 21 万群，20 世纪 90 年代达 30 万 ~ 50 万群，2002 年达 50 多万群，2008 年为 56 万群。2001 年以来，浙江浆蜂的饲养量约占全省蜂群饲养总量的 50%。

（三）品种特征和性能

1. 形态特征

浙江浆蜂蜂王体色以黄棕色为主，个体较大，腹部较长，尾部稍尖，腹部末节背板略黑（图 2-41）；雄蜂体色多为黄色，少数腹部有黑色斑（图 2-42）。工蜂体色多为黄色，少数为黄灰色，部分背板前缘有黑色带（图 2-43）。其他主要形态指标见表 2-8。

表 2-8　浙江浆蜂其他主要形态指标

初生重（毫克）	吻长（毫米）	前翅长（毫米）	前翅宽（毫米）	肘脉指数	第 3 + 4 腹节背板总长（毫米）
110.92 ± 13.76	6.38 ± 0.45	9.40 ± 0.28	3.19 ± 0.14	2.32 ± 0.33	4.65 ± 0.32

注：引自平湖市农业经济局和畜牧兽医局《蜜蜂遗传资源调查情况》，2009 年 10 月。

图 2-41 浙江浆蜂蜂王　　　图 2-42 浙江浆蜂雄蜂　　　图 2-43 浙江浆蜂工蜂

2. 生物学特性

浙江浆蜂分蜂性较弱，在蜂脾相称、群势小于 8 框蜂时，一般不会出现分蜂；能维持强群，一般能保持 10 框蜂以上。浙江浆蜂全年有效繁殖期为 10 个月左右，蜂王于冬末开始产卵，繁殖旺季蜂王平均日产卵量超过 1 500 粒，繁殖期子脾密实度为 95.8%。秋季外界蜜源结束后，蜂王停止产卵。冬繁时最小群势为 0.5 ~ 1 框蜂，生产季节最大群势为 14 ~ 16 框蜂，并能保持 7 张以上子脾。越冬群势下降率为 30%。

对大宗蜜源采集力强，对零星蜜源的利用能力也强，哺育力强，育虫积极，性情温驯，适应性广，较耐热，饲料消耗量大，易受大小蜂螨侵袭，易感染白垩病。

3. 生产性能

（1）蜂产品产量　徐明春等对王浆高产蜂群的生产性能进行测定，其王浆产量比原种意大利蜂平均高 2.19 倍。1988 ~ 1989 年浙江省畜牧兽医局组织 32 个养蜂重点县进行对比试验，平湖浆蜂比普通意大利蜂增产王浆 83.69%，增产蜂花粉 54.5%。

（2）蜂产品质量　浙江浆蜂生产的蜂蜜含水量 20% ~ 23%。2006 年 4 月浙江省畜牧兽医局对全省 5 个一级种蜂场、2 个二级种蜂场的浙江浆蜂在油菜花期生产的蜂王浆进行抽样检测，其 62 个样品的测定结果是：

蜂王浆中 10- 羟基 –2- 癸烯酸（10–HDA）含量 1.40% ~ 2.28%。平湖浆蜂蜂王浆中 10–HDA 含量 1.4% ~ 1.9%，其中春浆 10–HDA 含量 1.8% 左右，水分含量 62% ~ 70%。一般蜂场饲养的浙江浆蜂，油菜花期生产的蜂王浆 10–HDA 含量 1.4% ~ 1.8%。

（四）饲养管理

1. 蜂群饲养

浙江浆蜂约有 79% 为转地饲养，定地饲养约占 10%，定地加小转地饲养约占 11%。多数蜂场生产蜂蜜、蜂王浆、蜂花粉等产品。蜂群室外越冬。

2. 饲养技术要点

根据浙江浆蜂的生物学特性，在饲养管理上应采取适时冬繁、蜂脾相称、早加继箱、及时生产、安全度夏、维持强群等技术措施。

（五）品种保护与研究利用

1. 浙江浆蜂的遗传标记测定

浙江大学蚕蜂研究所于 2006 年 4 ~ 5 月对平湖浆蜂、原种意大利蜂、高加索蜂和卡尼鄂拉蜂等 4 个蜜蜂品种进行 DNA 遗传标记检测。结果表明：平湖浆蜂和原种意大利蜂遗传相似系数为 0.928，与卡尼鄂拉蜂的遗传相似系数为 0.900，与高加索蜂的遗传相系系数为 0.906。

2002 ~ 2004 年浙江省平湖市种蜂场和苏州大学生命科学学院合作，使用 DNA 特异基因标记——W316 bp 鉴定平湖王浆高产意蜂，结果表明：阳性检测率为 87%，说明平湖王浆高产意蜂的王浆高产基因频率稳定。

2. 种蜂场建设

经浙江省农业厅批准为省一级种蜂场的有平湖市种蜂场、萧山种蜂繁育场、浙江大学试验蜂场、长兴县意蜂种蜂场、江山健康种蜂场等。

（六）品种评价

浙江浆蜂的王浆高产性状和其他优良性状的遗传相对稳定。王浆高产，但王浆中 10-HDA 含量相对降低，目前有些地方春浆 10-HDA 含量已降至 1.6%，夏浆 10-HDA 含量降至 1.4% 以下。因此，应在王浆高产的基础上，进行提高 10-HDA 含量的选育，以克服王浆质量下降的缺陷。同时，应在浙江浆蜂优良性状的基础上，加强抗螨、抗病和抗逆性的选育，为蜂产业的安全、绿色、生态发展提供蜂种资源。

十一、东北黑蜂

东北黑蜂分布在中国黑龙江省，原是由西伯利亚引进的苏联远东黑蜂，是中俄罗斯蜂和卡尼鄂拉蜂的过渡类型，在一定程度上混有高加索蜂和意大利蜂的血统。

（一）一般情况

1. 中心产区及分布

东北黑蜂中心产区为饶河县，主要分布在饶河、虎林、宝清等地。核心区饲养约 50 000 群。

2. 产区自然生态条件

东北黑蜂中心产区饶河县地处北温带，位于我国东北部中俄界河——乌苏里江中下游，距日本海 400 千米，具有半大陆、半海洋气候特征，完达山东北支脉那丹哈达拉岭绵亘期间，由西南向东北延伸至挠力河北岸，山峦起伏，森林茂密；挠力河自西向东蜿蜒曲折，流经本县长度为 130 千米，平原广袤，水草丰盛。饶河所处的气候带、地理位置、地形地貌的独特性，加之建县时间晚，开发历史短，植被保存仍比较完好，是北温带较完备的生态系统之一。境内植物种类多、数量大，有很多都是稀有种或特有种。高等植物 112 科 728 种，是名副其实的温带物种基因库。饶河县开发相对较晚，因而保存了大面积的原始森林，林地占总面积的 51%，湿地占总面积的 19%。地表水、大气等主要质量指标均保持在国家一级标准之内。蜜粉源植物丰富，种类达 300 余种，而且蜜粉源植物生长季节的 5～9 月降水充沛，为植物提供良好的生长条件。其中木本蜜粉源植物如紫椴、糠椴、柳树、胡枝子、槐树、械树、楸树、黄柏、山桃、山丁子、刺五加等达百余种；草本蜜粉源植物如蚊子草、毛水苏、侧金盏、多穗升麻、野豌豆、苜蓿、紫菀等达 200 余种；栽培蜜粉源植物如向日葵、玉米、大豆、瓜类等达 30 余种。自春至秋花期连续不断，为东北黑蜂的繁衍和发展奠定了物质基础。

（二）品种来源与变化

1. 品种形成

19 世纪 50 年代以后，俄国由俄罗斯南部、乌克兰和高加索等地向远东地区大量移民，一些移民将其饲养的黑色蜜蜂带入远东地区。19世纪末，上述黑色蜜蜂分别从三个方向进入中国黑龙江省：一是由乌苏里江以东地区越江进入黑龙江省，二是由黑龙江以北地区越江进入黑龙江省，三是由满洲里口岸用火车运入黑龙江省，分布在中长铁路沿线（满洲里至绥芬河）。至1925年中长铁路沿线饲养的黑色蜜蜂已发展到12 430群，养蜂生产发展较快。

1918年3月，饶河养蜂前辈——邹兆云先生从俄罗斯滨海边疆区越过乌苏里江，用马驮回西方黑色蜜蜂15群，在饶河乌苏里江岸边的苇子沟饲养。后逐步繁殖、推广至石场、太平、大贷、万福碴子等地，成为"饶河东北黑蜂之源"。

1920～1922年，毕庆吉、刘蒙古分别从俄罗斯滨海边疆区引进西方黑色蜜蜂。几次引入的蜂群，以邹兆云的蜂场繁育效果最好，蜂群规模逐渐增大并开始收徒传艺。数年后又分设6个蜂场，出售蜂群至黑龙江省的抚远、宝清、方正县等地。历经25年，以邹兆云蜂场为主，兼有毕庆吉、刘蒙古引入的黑蜂种群和满洲里开拓团引进的意大利蜜蜂，在饶河境内繁衍发展，扩展至16个蜂场1 210群的规模，初步具备了种群自我繁衍定型的条件。

1956年，苏联的舍尔宾纳在其所著《养蜂学》中提到："远东蜜蜂原是被运到沿海边区去的乌克兰蜂。该蜂遍布乌克兰，吻长，温和，色比中部俄罗斯黑蜂鲜明。"1982年，刘宗唐在《黑龙江养蜂资料选编》中提到："根据遗传学的观点分析，东北黑蜂具有稳定的遗传性，并具有其特殊的形态指标和生物学特性，它应该成为一个品种。东北黑蜂来源于欧洲黑蜂和卡蜂的混居地带。它在某些方面和欧洲黑蜂相似，其他方面又和卡蜂相似，这就充分说明欧洲黑蜂和卡蜂皆是东北黑蜂的亲代，同时可以断定，东北黑蜂是由欧洲黑蜂与卡蜂自然杂交后，经长期自然选择结合人工选择而形成的一个新的品种。"1993年，刘先蜀在《中国农业百科全书·养蜂卷》关于西方蜜蜂条目中提到："在苏联养蜂业中具有一定位置的远东黑蜂，是乌克兰蜂和中俄罗斯蜂（欧洲黑蜂的一个生态型）长期杂交形成的，并在一定程度上混有高加索蜂和意大利蜂的血统。"

综上所述，东北黑蜂源于苏联远东黑蜂，而远东黑蜂是乌克兰蜂与欧洲黑蜂的一个生态型——中俄罗斯蜂长期杂交形成的，而乌克兰蜂接近于卡尼鄂拉蜂。由此，可得出一个结论：东北黑蜂的主要血统应是卡蜂和黑蜂。

2. 群体规模与变化情况

20世纪30年代饶河以养蜂为业者已有16户。1943年有蜂群1 210箱，年产蜂蜜25吨；1947年全县有70多个养蜂户，蜂群1 800余箱，年产蜂蜜40吨；1955年养蜂2 660余群，年产蜂蜜110吨；1979年蜂群发展到8 000群，年产蜂蜜200吨；2006年蜂群发展到32 000群，其中保护区内的核心群5 000群；现今有黑蜂种群约50 000群。多年的保护和饲养实践证明，东北黑蜂性状较为稳定，群体规模呈增加趋势，无濒危危险。

（三）品种特征和性能

1. 形态特征

东北黑蜂个体大小及体形与卡尼鄂拉蜂相似，蜂王大多呈栗色，几丁质黑色，腹部第1～5节背板具褐色环，第3～5节背板有三角形褐斑，绒毛淡褐；约有1/3呈黑色，几丁质全黑，绒毛淡褐；腹部较粗，产卵力强。人工育的蜂王平均初生重约为209毫克（图2-44）；雄蜂为黑色，几丁质全黑，腹部第1~6节背板边缘有光泽，末节全黑，覆毛较长，绒毛褐色，平均初生重约为188毫克（图2-45）；工蜂有黑、褐两种，少数工蜂第2~3腹节背板两侧有淡褐色斑，绒毛呈淡褐色，少数呈灰色，第4腹节背板绒毛带较宽，第5腹节背板覆毛较短（图2-46）。其他主要形态指标见表2-9。

图2-44　东北黑蜂蜂王

图2-45　东北黑蜂雄蜂

图2-46　东北黑蜂工蜂

表2-9　东北黑蜂工蜂其他主要形态指标

初生重（毫克）	吻长（毫米）	前翅长（毫米）	前翅宽（毫米）	肘脉指数	第3+4腹节背板总长（毫米）
95	6.0~6.5	8.9~9.9	3.0~3.5	2.0~3.0	4.6~4.9

注：2006年9月由黑龙江省饶河东北黑蜂国家级自然保护区管理局科研所测定。

2. 生物学特性

经专家鉴定，东北黑蜂集中了世界著名四大蜂种的主要优良性状：

第一，东北黑蜂抗病抗逆性强，可以适应恶劣的气候条件。抗幼虫病，只有零星发生且自愈较快；易感麻痹病，早春易发病但能自愈。抗寒，越冬安全，在东北严寒的冬季，东北黑蜂只要适当包装就可在户外安然越冬；在炎热的夏季，东北黑蜂也可在户外安然度过酷暑。

第二，东北黑蜂产育力较强，节省饲料，春季育虫早，蜂群发展较快，分蜂性较弱，能维持大群。采集力强，早春晴天，气温5~7℃时就可以出巢飞翔排泄，流蜜期有小雨时仍能出巢采集。既能利用椴树、毛水苏等大宗蜜源生产商品蜜，又善于利用零星蜜粉源繁殖蜂群。

第三，泌蜡造脾（图2-47）能力较强，爱造赘脾。由春到秋，外界有蜜源就造脾，椴树流蜜期10框蜂一昼夜可修2张脾，流蜜期箱内空隙充满赘脾，越冬期箱底形成大量蜡屑。

第四，不怕光，开箱检查时较温驯；盗性弱；定向力强；清巢能力较强，箱底清洁，对脾上污染物能很快清除。

第五，蜂王产卵力强，早春繁殖快；蜂王自然寿命长，一般蜂王5~7年才自然交替。

第六，与意大利蜂相比，工蜂吻稍短，对长花管蜜源植物利用较差。

第七，据统计数据，在全国一些地方转地饲养实践证明，东北黑蜂与其他蜂种杂交一代可提高蜂产品产量30%以上，东北黑蜂王与意大利雄蜂杂交一代优势明显，杂交二代表现性状差，黑蜂连续杂化后种群优势退化明显。

图2-47　东北黑蜂蜂脾

3. 生产性能

东北黑蜂在当地饲养曾创造毛水苏一季蜜源群产500千克、椴树蜜一季蜜源群产260千克的纪录。每群产王浆0.3~0.6千克，产量低于意大利蜂；每群产蜂花粉3~5千克，与意大利蜂相当；蜂胶30~60克。与意大利蜂杂交后，杂交一代生产力优于意大利蜂，杂交二代退化明显，生产力显著下降。

（四）饲养管理

东北黑蜂定地饲养的占10%，定地结合小转地饲养的占90%。一般一个蜂场饲养50～100群蜂，最多饲养240群蜂。定地蜂场只生产椴树蜜。定地结合小转地养蜂场可利用两个大蜜源：采椴树蜜源后再采秋季蜜源，或采椴树蜜源后利用秋季蜜源繁殖蜂群。

东北黑蜂80%以上的采用18框卧式蜂箱饲养（图2-48），20%以下应用俄式蜂箱饲养。冬季有10%蜂群室内越冬，90%蜂群室外包装越冬。

图2-48　用于饲养东北黑蜂的18框卧式蜂箱

根据当地气候、蜜源、特点和东北黑蜂的特性，应实施早繁殖、早育王、早分蜂；适时繁殖适龄采集蜂、繁殖越冬适龄蜂；强群繁殖、强群生产、强群越冬等技术措施。

（五）品种保护与研究利用

1979年黑龙江省成立了饶河县东北黑蜂保护监察站和饶河县东北黑蜂原种场，主要承担东北黑蜂原种的繁殖和保种任务。1980年黑龙江省政府决定，将饶河、虎林、宝清三县划为东北黑蜂保护区。1997年国务院颁布109号国务院令，将饶河批准为东北黑蜂国家级自然保护区，是目前亚洲为保护蜜蜂蜂种而建立的唯一的国家级自然保护区（图2-49）。2006年东北黑蜂列入《国家畜禽遗传资源保护名录》。2008年农业部确定饶河东北黑蜂原种场为第一批国家级蜜蜂保种场，同时确定饶河东北黑蜂保护区为第一批国家级蜜蜂遗传资源保护区（农业部1058号公告）。国家蜜蜂基因库对东北黑蜂进行了活体保种和精液冷冻保存。

图2-49　饶河县东北黑蜂国家级自然保护区

东北黑蜂原种场已于1979年建立蜂种培育登记制度，设立系谱档案、种王卡片、种蜂繁育记录等。先后向全国20余个省（市、自治区）提供种蜂王约5 000只，种群200余群。

（六）品种评价

东北黑蜂自引种后在饶河这个北温带向亚寒带针叶林大陆性季风气候过渡的相对封闭环境中，历经百余年自然选择和人工选育而形成的一个基因型相对稳定的新品种，集中了世界四大名种蜜蜂的主要优良性状，是我国特有的地方良种蜜蜂；东北黑蜂和其他西方蜜蜂品种之间的配合力强，其杂交种在我国北方广大地区饲养，可大幅度提高蜂产品产量和质量；东北黑蜂是很好的育种素材，具有研究和开发利用前景。

十二、新疆黑蜂

新疆黑蜂是我国较早形成的西蜂地方品种，也是当前发现能在我国野生的西蜂品种之一，20世纪初由俄国传入中国新疆的黑色蜜蜂，在当地恶劣的气候和蜜源条件下经过长期自然杂交和人工选育所成的一个生态型，是一个蜂蜜高产型蜂种（图2-50）。

图2-50　位于新疆尼勒克黑蜂育种工作站内的黑蜂雕塑（冯毛　摄）

（一）一般情况

1. 中心产区及分布

新疆黑蜂中心产区在阿尔泰山和天山山脉及伊犁河谷地区。主要分布在伊犁、塔城及阿勒泰地区的尼勒克、特克斯、新源、巩留、昭苏、霍城、布尔津、哈巴河、吉木乃等地。分布区西部与哈萨克斯坦接壤，北部与俄罗斯相邻。20世纪80年代初，全疆有黑蜂25 000群，伊犁州有黑蜂18 000群左右，其中尼勒克县和新源县数量较多。

2. 产区自然生态条件

新疆黑蜂产区位于北纬42°～50°、东经80°～89°，山脉、河谷交错，河流湖泊众多，冰川雪水丰富，河谷山地土质肥沃，森林、牧草生长茂盛，植被丰富。以中心产区伊犁为例，伊犁北、东、南三面环山，谷地开口向西，呈现出明显的楔形地貌，海拔 2 700 ~ 5 300 米。属北疆中温大陆性干旱气候，且雨量较多，气候温和，水量丰富，土地肥沃，草场丰美，森林茂密。降水量多集中在春夏两季，占全年总降水量的 60% ~ 70%；地区蒸发量较北疆各地少，西部最多为 1 800 毫米，昭苏盆地最少为 1 250 毫米左右。夏季短冬季长、春季升温快但不稳定，秋季降温迅速。秋末春初受到冷空气入侵，气温急剧下降，有暴风雪；初冬有霜冻，降雪多集中在 11 月至翌年 2 月；夏季有暴雨、冰雹、干热风等灾害，寒潮多出现在春秋雨季，侵入时间在 9 月底；雷暴和冰雹多发生在山区地带，一般出现在 4 ~ 10 月，主要集中在 5 ~ 8 月，年平均降水量 200 ~ 1 000 毫米，山区达 500 ~ 1 000 毫米，雨季集中在 6 ~ 9 月；年平均蒸发量 1 250 ~ 1 800 毫升；年平均温度 2.8 ~ 9.2℃；年平均无霜期为 90 ~ 180 天，地区极度温差可达 4℃，记录到的极端最高气温为 40.2℃。全年 1 ~ 2 月最冷，7 月最热；年日照时数在 2 899 ~ 3 158 小时，日照比率平均为 65%；无霜期在 150 ~ 180 天，最长为 191 天，山区为 100 ~ 130 天。

新疆的蜜源植物十分丰富，种类有 370 多种，其中数量多、分布广、利用价值高的有 40 多种，辅助蜜源 130 多种，从春季到秋季 9 月末相继开花，连续不断，主要的流蜜期为 6 月下旬至 8 月底，故新疆又有"蜜库"的美誉。既有野生牧草，又有人工种植的农作物、中药材等。主要蜜源植物有向日葵、油菜、蒲公英、棉花、荞麦、沙枣（图 2-51）、瓜类、直齿荆芥、牛至、老鹳草、党参、天山贝母、益母草、密花香薷、黄花菜、鼠尾草、牛芬子、野薄荷、草木樨、大蓟、百里香等数十种，花期集中在 4 ~ 9 月，为新疆黑蜂的繁殖和采集提供了良好的条件。

图 2-51　蜜源植物沙枣（冯毛　摄）

（二）品种来源与变化

1. 品种形成

1900 年俄国人把黑色蜜蜂带入新疆伊犁和阿勒泰两地饲养。1919 年俄国人经哈萨克斯坦将黑蜂带入新疆的布尔津县。1925 ~ 1926 年再次经哈萨克斯坦将黑蜂带入新疆伊宁，后发展到整个伊犁地区。20 世纪 30 ~ 40 年代天山地区有很多野生黑蜂，苏联侨民常到山里来收捕这些野生黑蜂。

由此可见，新疆黑蜂是 20 世纪初传入中国新疆伊犁、阿勒泰等地的黑色蜜蜂，经过长期混养、自然杂交和人工选育后，逐渐形成的一个西方蜜蜂地方品种，它们对中国新疆地区的气候、蜜源等生态条件产生了很强的适应性。

2. 群体规模与变化情况

20 世纪 30 ~ 40 年代，天山已有很多野生的新疆黑蜂。20 世纪 70 ~ 80 年代，家养的新疆黑蜂发展到 25 000 群左右。但是由于近几十年来与外地蜂种的杂交，新疆黑蜂种群已严重退化，纯血统的黑蜂越来越少，2000年前后纯种黑蜂几乎绝迹，成为国家濒危物种，提纯复壮黑蜂种群已迫在眉睫。国家蜂产业体系乌鲁木齐综合试验站相关人员从山间采集到野生黑蜂种群100群（箱），繁衍的二代三代种群1 000群（箱）左右，目前新疆所有的黑蜂种群大体在4 000群（箱）左右，目前饲养的纯种新疆黑蜂核心育种群约300群。

为了保护新疆黑蜂，有关部门在伊犁的尼勒克、特克斯等县建立了多个黑蜂保护区（图2-52）、种蜂场、育种工作站（图2-53），致力于新疆黑蜂种群的保护和复壮工作。

图2-52　新疆黑蜂保护区

图2-53　新疆尼勒克黑蜂育种工作站（冯毛　摄）

（三）品种特征和性能

1. 形态特征

新疆黑蜂为黑色蜂种，工蜂、雄蜂和蜂王几丁质均为棕黑色，绒毛为棕灰色。蜂王个体较大，有纯黑和棕黑两种颜色，有些蜂王腹节有棕红色环带（图2-54）；雄蜂均为黑色，个体粗大，体毛密集（图2-55）；工蜂个体比卡尼鄂拉蜂稍大，几丁质为棕黑色，绒毛为棕褐色，有少数工蜂腹部的第2、第3背板两侧有小黄斑（图2-56）。

图2-54 新疆黑蜂蜂王　　图2-55 新疆黑蜂雄蜂　　图2-56 新疆黑蜂工蜂

新疆黑蜂与意大利蜂杂交后蜂王、雄蜂和工蜂的体色由黑到黄，变化较大。其他主要形态特征如下：吻较短，平均长度为6.27毫米±0.1毫米，变化范围6.03～6.44毫米；右前翅长9.68毫米±0.11毫米，变化范围9.37～9.88毫米；右前翅面积同欧洲黑蜂相近，大于意大利蜂，小于高加索蜂；第3+4背板平均长度为4.75毫米±0.13毫米，变化范围4.62～4.68毫米；第4背板突间距为4.56毫米±0.11毫米；翅钩数平均为21.2个±1.9个，变化范围18～24个。肘脉指数为1.57±0.24。工蜂的初生重较大，平均为120.63毫米±5.19毫米，变化范围109～127毫克，同欧洲黑蜂相近，但轻于高加索蜂。工蜂巢房内径平均为5.46毫米±0.17毫米。

2. 生物学特性

新疆黑蜂蜂王产卵能力较强，平均日产卵量为1 181粒，最高可达到

2 680 粒，虫龄整齐，子脾面积大，蛹房密实度高（图 2-57）。子脾数可达 7 ～ 10 框，群势达 10 ～ 14 框时也不发生分蜂热。育虫节律陡，对外界气候、蜜粉源条件反应敏感，蜜源丰富时，蜂王产卵旺盛，工蜂哺育积极。在新疆本地自然条件下，蜂王于越冬末期产卵，蜂群开始繁殖，秋季外界蜜源结束后，蜂王停止产卵，繁殖期结束，年有效繁殖期 5 ～ 7 个月。

图 2-57 新疆黑蜂蜂脾

采集力强，吻长，飞行高度高，采集半径大，尤其是对大片零星蜜源采集表现尤为突出，采集勤奋，出巢时间早，结束时间晚。用同等群势的黑蜂和意蜂进行采集力的对比，黑蜂采集的花蜜是意蜂的 2.4 倍。泌蜡力强，造脾速度快，但产浆力一般。

抗病、抗灾适应性强，抗孢子虫病能力和抗甘露蜜中毒能力强于其他任何品种的蜜蜂，抗巢虫，黑蜂的抗螨力也较意蜂强，目前黑蜂蜂群中还未发现小蜂螨和蜡螟寄生。耐寒，越冬性能强，在 －30℃ 以下的严寒，且越冬期长达 6.5 ～ 7.0 个月（10 月中旬至翌年 5 月上旬）的环境条件下，不仅能够安全越冬，而且在越冬之后能以较快速度复壮。节省饲料，试验证明，黑蜂在伊犁地区室内越冬试验前后平均每千克蜂耗蜜量为 5.31 千克，死蜂数为 0.43%；室外越冬平均每千克蜂耗蜜量为 4.24 千克，死蜂数 0.34%。

越冬室中，群势在1千克以上都能正常越冬。

工蜂寿命长，春季最长为47天，采蜜季节最长为33天，越冬期最长可达到204天。性情凶暴，怕光，开箱检查时易骚动，爱蜇人，定向力弱，易偏集。不爱作盗，但防盗能力差。抗逆性也强于其他西方蜜蜂品种，在恶劣的地理、气候条件下能够生存，是中国唯一能够在野外生存的西方蜜蜂品种。

3. 生产性能

（1）蜂产品产量　20世纪80年代以来，新疆黑蜂更加适应当地的气候和蜜源，由过去单一产蜜型向兼顾蜂蜜、蜂花粉、蜂胶生产发展，产胶性能好。在正常年份，新疆黑蜂年均群产蜜量可达80~100千克，最高产蜜量超过250千克，一个采蜜季比其他蜂种的蜂群可多采蜜10%~25%。

产浆力一般。泌蜡力强，造脾速度快，在同等条件下修好一张脾（以幼虫封盖为准），黑蜂平均比意蜂快37小时。用同等群势的黑蜂、意蜂各10群，以加入一张巢础后定期取出称重，黑蜂群日平均泌蜡153克，意蜂为125克，黑蜂的泌蜡量比意蜂高22%。

新疆黑蜂喜采树胶，蜂胶产量较高，群均年产量100~200克。

（2）蜂产品质量　新疆黑蜂生产的蜂蜜大多为天然成熟蜜，含水量一般在23%以下，最低可达18%，可达42~43波美度，品质优良。以野生牧草和药用蜜源植物生产的特种天然成熟蜜，色泽浅白，结晶细腻，具有独特的芳香气味，当地俗称"黑蜂蜜"，售价比普通蜂蜜高出约20%。

（四）饲养管理

新疆黑蜂可采用定地结合小转地方式饲养，饲养规模不宜超过100群，年采大宗蜜源 1 ~ 2 个。现有的新疆黑蜂 60% 使用郎式标准箱，40% 采用俄式蜂箱饲养。约 70% 的蜂群在室内越冬，30% 左右的蜂群在室外越冬。

饲养要点：应根据新疆黑蜂抗寒不耐热的特性，加强夏季通风遮阳，防止偏集，控制分蜂热；应注意防治大蜂螨。

（五）品种保护与研究利用

目前，由于与外地蜂种的杂交，新疆黑蜂种群已严重退化，饲养范围已大大缩小，纯血统的黑蜂越来越少，2000 年前后纯种黑蜂几乎绝迹，只有在交通不便的边远山区才有可能找到新疆黑蜂纯种，新疆黑蜂已成为国家濒危物种，提纯复壮黑蜂种群已迫在眉睫。

2002 年农业部委托吉林省养蜂科学研究所的专家赴新疆，在阿勒泰和伊犁找到一些家养的和野生的新疆黑蜂，带回吉林省养蜂科学研究所，经保种扩繁后，已回供新疆。

2006 年农业部将新疆黑蜂列入《国家畜禽遗传资源保护名录》，是 3 个被列入的蜜蜂品种之一。

新疆黑蜂已处于严重濒危状态，建议加强保护和繁育，列入国家蜜蜂基因库，加以重点保护。

（六）品种评价

新疆黑蜂自 20 世纪初传入中国新疆伊犁、阿勒泰等地区以来，经过近百年的饲养、自然杂交和人工选育，对新疆的气候、蜜源等生态环境已产生了很强的适应性，具有生产利用价值和品种选育前景，建议加强保护和繁育。

十三、珲春黑蜂

（一）一般情况

1. 中心产区及分布

珲春黑蜂集中分布于吉林东部山区的珲春市。

2. 产区自然生态条件

珲春黑蜂产区位于北纬 42.3° ~ 43.5°、东经 130.1° ~ 131.3°，为长白山东部余脉。东与俄罗斯接壤，西南隔图们江与朝鲜相邻；东、南、北部为山区，中为珲春盆地。海拔 80 ~ 1249 米，属温带大陆性气候，年平均气温 5.7℃，最高气温 35℃，最低气温 −32℃；无霜期 126 ~ 145 天。年平均降水量 617.9 毫米，多集中于 6 ~ 8 月。产区内植被丰富，森林覆盖率达 50% 以上。主要蜜源为椴树与山花，花期集中在 5 ~ 8 月。辅助蜜源植物有山里红、山桃、山槐、槭树等。

（二）品种来源与变化

1. 品种形成

19 世纪中叶，俄国实行远东移民政策，大批移民从俄罗斯南部及乌克兰、高加索等地进入远东，带入多种黑色蜜蜂。1920 年前后，珲春县春化乡草帽顶子村卢永俊等人，从附近的苏联境内运回 5～10 群黑蜂，第二年又运回数群，并换回一台巢础机。从此在珲春开始饲养黑蜂，并逐步扩展到吉林东部山区。

2. 群体规模与变化情况

1937 年全县饲养纯种黑蜂 370 群，20 世纪 50 年代达到 1 000 余群，20 世纪 60～70 年代发展到 4 000 余群。由于引进意大利蜂和其他西方蜜蜂品种，珲春黑蜂被杂交，纯种蜂群逐年减少。1980 年只有珲春县最边远的春化镇饲养有纯种珲春黑蜂约 250 群，其他地区饲养的均为杂交种珲春黑蜂，2 000 余群；至 2006 年珲春黑蜂及其杂交种约有 6 000 群。

（三）品种特征和性能

1. 形态特征

珲春黑蜂蜂王个休较大，腹部较长，体呈黑色，有的蜂王腹部有暗棕色环带或暗棕色斑（图 2-58）；雄蜂个体粗大，体呈黑色，尾部钝圆，体毛密集，个别雄蜂腹部有花斑（图 2-59）；工蜂个体大于卡尼鄂拉蜂，体呈黑色（图 2-60）。其他主要形态指标见表 2-10。

表 2-10　珲春黑蜂其他主要形态指标

初生重 （毫克）	吻长 （毫米）	前翅长 （毫米）	前翅宽 （毫米）	肘脉指数	第 3 + 4 腹节背板总长 （毫米）
116±6.2	6.40±0.18	9.20±0.10	3.30±0.04	2.03±0.18	4.55±0.10

注：2006 年 9 月由吉林省养蜂科学研究所测定。

图2-58　珲春黑蜂蜂王

图2-59　珲春黑蜂雄蜂

图2-60　珲春黑蜂工蜂

2. 生物学特性

珲春黑蜂繁殖快，育虫节律适中，在当地自然条件下，蜂王于越冬末期开始产卵繁殖，到秋季蜜源终止停止产卵，周年有效繁殖期6个月左右。可保持7～11张子脾，子脾密实度达92%以上（图2-61）。分蜂性中等，群势可达17框，优于卡尼鄂拉蜂。采集力强。不耐热，较抗寒，越冬群势削弱率为15%～17%，低于意大利蜂。抗螨、抗白垩病性能较意大利蜂强，易感染微孢子虫病，感染白垩病后能很快自愈。性情温驯，盗性弱，防盗性能中等。

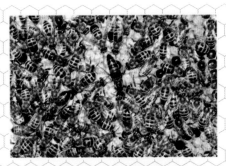
图2-61　珲春黑蜂蜂脾

3. 生产性能

珲春黑蜂正常年份群均产蜜量50～50千克，蜂王浆0.7～1千克。蜂蜜含水量小于23%，生产的蜂王浆10-HDA含量达2.1%以上。

（四）饲养管理

定地饲养群约占总群数的45%，小转地饲养占55%。蜂场规模为50～100群。定地蜂场只采椴树1个蜜源，小转地蜂场可采椴树和山花2个蜜源。90%以上采用活框标准箱饲养，10%左右采用俄式箱和方形巢脾活框饲养。冬季约50%蜂群室内越冬，40%在室外包装越冬，10%地下越冬。

饲养技术要点为早繁殖、早育王、晚分蜂，适时繁殖适龄采集蜂、繁殖适龄越冬蜂，强群饲养、强群生产、强群越冬。

（五）品种保护与研究利用

1984年珲春黑蜂纯种群体数量进一步减少，只有珲春县春化镇土门子村饲养有52群。其他地方饲养的珲春黑蜂均为杂交种，共3 500群。珲春黑蜂已濒临灭绝。

吉林省养蜂科学研究所搜集珲春黑蜂纯种，进行保纯繁育，现已繁育9代，保存60多群。在进行纯种繁育的同时，还按其特性进行优选，强化抗螨、抗白垩病等优良性状。珲春黑蜂虽没有灭绝，但仍处于濒危状态。

（六）品种评价

珲春黑蜂从俄罗斯远东地区引进中国已有百年历史，其形态指标和生物学特性与东北黑蜂有明显差异。珲春黑蜂具有高产、抗寒、抗螨、抗白垩病、越冬安全等优良性状，不仅是一个高产型地方品种，还是一个珍贵的育种素材，具有一定的研究和开发利用价值。建议加强保种措施，列入基因库重点保护。

专题三

培育品种

　　在引种的基础上，我国的蜂业科研工作者利用蜜蜂良种繁育技术，经过不懈努力，培育出能够满足不同生产需求和适应不同地域特征的蜜蜂新品种／品系，形成了一批具有明显经济性状的高产品系和配套系，极大地丰富了我国的蜜蜂遗传资源。主要包括：①喀（阡）黑环系蜜蜂品系：蜂蜜高产型配套系，耐寒，越冬性好，适合在北方特别是东北地区养殖。②浙农大1号意蜂品系：蜂王浆高产型配套系。③白山5号蜜蜂配套系：蜂蜜、蜂王浆高产型西方蜜蜂配套系。④国蜂213配套系：蜂蜜高产型配套系。⑤国蜂414配套系：蜂王浆高产型配套系。⑥松丹蜜蜂配套系：蜂蜜、蜂王浆高产型西方蜜蜂配套系（以生产蜂蜜为主、兼顾王浆生产）。⑦晋蜂3号配套系：蜂蜜高产型西方蜜蜂配套系。⑧中蜜一号蜜蜂配套系：抗螨、蜂蜜高产型蜜蜂配套系。

一、喀（阡）黑环系蜜蜂品系

喀（阡）黑环系蜜蜂品系是 1979 ～ 1989 年吉林省养蜂科学研究所以喀尔巴阡蜂为育种素材，在长白山区生态条件下，用纯种选育的方法育成的西方蜜蜂新品系。

（一）一般情况

1. 品种名称

喀（阡）黑环系蜜蜂品系是用喀尔巴阡蜂作素材经过多年选育而成的喀尔巴阡蜂新品系，是从喀尔巴阡蜂中选育出来的纯系，然后以纯系为母本育成生产种。因其腹部背板有棕黑色环节，故定名为喀（阡）黑环系蜜蜂，简称黑环系蜜蜂。

2. 产区自然生态条件

喀（阡）黑环系蜜蜂选育区域地处长白山腹地，海拔 300 ～ 1 000 米，森林覆盖率 65% 以上。具有显著的温带半干旱大陆性季风气候特点，冬季长而寒冷，夏季短而温暖。年平均气温 3 ～ 5℃，无霜期 120 ～ 140 天，年降水量 350 ～ 1 000 毫米。长白山区植物资源丰富，蜜粉源植物多达 400余种，主要蜜源植物为椴树、槐树、山花、胡枝子；辅助蜜源植物有侧金盏、柳树、槭树、稠李、忍冬藤、山里红、山猕猴桃、黄柏、珍珠梅、柳兰、蚊子草、野豌豆、三叶草、益母草、月见草等，4～9月连续不断开花。

（二）品种特征和性能

1. 形态特征

喀（阡）黑环系蜜蜂蜂王个体细长，腹节背板有深棕色环带，体长16～19毫米，初生重160～230毫克（图3-1）；雄蜂呈黑色，个体粗大，尾部钝圆，体长14～16毫米，初生重200～210毫克（图3-2）；工蜂呈黑色，腹部背板有棕黄色环带，腹部细长，覆毛短，绒毛带宽而密，体长12～14毫米（图3-3）。其他主要形态指标：吻长6.25～6.60毫米，平均6.45毫米；肘脉指数2.19～3.23，平均2.61；第4背板突间距4.34～4.64毫米，平均4.50毫米；跗节指数53.49%～61.3%，平均57.33%；前翅长9.07～9.44毫米，平均9.29毫米；前翅宽3.17～3.37毫米，平均3.26毫米。

图3-1 喀（阡）黑环系 蜜蜂蜂王　　图3-2 喀（阡）黑环系 蜜蜂雄蜂　　图3-3 喀（阡）黑环系 蜜蜂工蜂

2. 生物学特性

喀（阡）黑环系蜜蜂繁殖力较强，育虫节律陡，子脾密实度高（图3-4），分蜂性中等，最大群势可维持15框左右。对外界条件变化敏感，遇有气候和蜜粉源条件不利，即减少飞行活动，善于保存群体实力。秋季断子早。

善于采集零星蜜源，也能利用大宗蜜源，消耗低于国内其他任何蜂种，适合南北方各地饲养。性情温驯，抗逆性强，抗螨，对白垩病抵抗能力尤为突出。定向力强，不易迷巢，不爱作盗。耐寒，越冬安全，节省饲料；耐热性低于意大利蜂。杂交配合力强，与意大利蜂、高加索蜂杂交能产生良好的杂种优势，比喀尔巴阡蜂维持群势大。

图 3-4　喀（阡）黑环系蜜蜂蜂脾

3. 生产性能

同等条件下，与本地意大利蜂相比，喀（阡）黑环系蜜蜂产蜜量高20% 以上，在一个椴树花期，强群可产成熟蜜 70 ~ 80 千克，丰年产量可达 100 千克以上。王浆产量比意蜂低，蜜源丰富时群框可达 35 ~ 50克，蜂胶生产能力一般。越冬群势削弱率比意蜂低 18.6%，越冬饲料消耗量降低 13.7%。黑环系杂交种繁殖力比本地意蜂提高 13.3%，产蜜量增加46.8%，产王浆量增加 32.2%，越冬群势削弱率降低 15.5%，越冬饲料消耗量降低 32.9%。

（三）培育简况

育种素材来源：育种素材为喀尔巴阡蜂，系 1978 年由罗马尼亚引入中国，保存于大连华侨果树农场，1979 年转交吉林省养蜂科学研究所。

育种技术路线：选择→建立近交系→系间混交→闭锁繁育。

培育过程：1979～1981年在长白山区自然交尾场地对200群喀尔巴阡蜂进行集团繁育时，发现其中有3群不但蜂王体色不同于其他蜂群，为红黑色，而且其繁殖力和采集力都优于其他蜂群，饲料消耗和越冬死亡率都较低，于是，便将这3群喀尔巴阡蜂挑选出来作为系祖，建立了近交系。

1982～1985年在3个近交系（共75群）的基础上，采用人工授精的方法进行兄妹交配繁育。

1986～1989年在近交系兄妹交配繁育的基础上，采用人工授精的方法进行母子回交，使喀（阡）黑环系进入了高纯度阶段（近交系数0.94）；在此基础上进行近交系间（共45群）混交和闭锁繁育（60群）；通过对比试验考察其生产性能及相关生物学特性，同时在多个蜂场共进行了3 000多群的中间试验，最后确定喀（阡）黑环系为新品系。

（四）饲养管理

喀（阡）黑环系蜜蜂善于利用零星蜜源，节约饲料，适合业余饲养以及城郊和没有大蜜源的地方饲养。定地饲养占35%，小转地饲养占30%，长途转地饲养占35%。单场规模20～100群，多数采用10框标准箱饲养，少数采用卧式箱饲养。

喀（阡）黑环系蜂群饲养技术要点：选择零星蜜粉源丰富的场地饲养，针对其对气候、蜜源变化敏感的特性，在外界气候温和、有蜜粉源的条件下培育个体较大的优质蜂王，淘汰瘦小蜂王，提高蜂群的产子哺育能力，增加哺育负担，适时修造巢脾，通风散热，延缓春季自然分蜂高潮的出现，提高蜂群的繁殖效率。有效地防治蜂螨及其他病虫害，保持蜂群的健壮程度，增强蜂群的生产能力。

（五）推广利用情况

喀（阡）黑环系蜜蜂是以喀尔巴阡蜂为素材，经过 11 年选育而形成的新品系，其繁殖力、生产性能和抗白垩病性能等不仅优于喀尔巴阡蜂，而且优于本地意大利蜂。黑环系蜜蜂适应范围广，特别是杂交以后适应面更广。不仅适合东北寒冷地区饲养，也适合南方各地饲养；同时适应大宗蜜源和零星蜜源地区；亦适应山区、林区、平原和城市业余定地饲养，是一个适应性较强的良种蜜蜂。已累计向全国各地推广蜂王 10 000 多只，改良蜜蜂约 100 万群，提高了养蜂生产经济效益。至 2008 年吉林、辽宁、黑龙江等省及全国养蜂主产区，饲养喀（阡）黑环系及其杂交种蜜蜂 25 万群。

二、浙农大 1 号意蜂品系

浙农大 1 号意蜂是原浙江农业大学等单位，1988 ~ 1993 年用浙江平湖、萧山、嘉兴、杭州、桐庐、绍兴、慈溪等地的王浆高产意大利蜂群作素材，通过闭锁繁育而育成的西方蜜蜂新品系。

（一）品种特征和性能

1. 形态特征

浙农大 1 号蜜蜂蜂王个体中等，腹部瘦长，初生重 180 毫克以上；毛呈淡黄色，腹部背板几丁质呈青黄色至淡棕色（图3-5）；雄蜂胸腹部绒毛呈淡黄色，腹部背板几丁质呈金黄色，有黑色斑（图3-6）；工蜂胸腹部绒毛呈淡黄色，腹部第 2 ~ 5 节背板几丁质呈黄色，后缘有黑色环带，末节为黑色（图3-7）。

图3-5 浙农大1号蜜蜂蜂王

图3-6 浙农大1号蜜蜂雄蜂

图3-7 浙农大1号蜜蜂工蜂

2. 生物学特性

浙农大 1 号蜜蜂繁殖力强，日产卵可达 1 500 粒以上。群势较强，能维持 12 框蜂以上强群。储蜜习性、抗逆性、防盗性、温驯度等都较好，抗白垩病能力强。

3. 生产性能

浙农大 1 号蜜蜂产浆性能好，王台接受率高（图3-8）每群每年的蜂王浆产量可达 10 千克以上，浙江地区油菜花期所产蜂王浆 10-HDA 含量为 1.9%；大面积推广的蜂群，油菜花期所产蜂王浆 10-HDA 含量为 1.4% ~ 1.7%，含水量 66% ~ 67%。年均群产蜂蜜 40 千克左右，蜂蜜含水量 23% ~ 30%。

图 3-8　浙农大 1 号蜜蜂生产蜂王浆（李建科　摄）

（二）培育简况

培育场地自然生态条件：浙农大 1 号意蜂培育地区是杭州市，其地势西高东低。东部、东北部、东南部为平原，海拔 20 ～ 60 米；西部是丘陵、山地，海拔 1 000 ～ 1 500 米。属亚热带季风气候，温暖、湿润，年平均气温 15 ～ 18℃，无霜期 230 ～ 250 天，年降水量 1 000 ～ 1 500 毫米，相对湿度 70% ～ 80%，年平均日照时数 1 800 小时。

蜜粉源植物种类多，主要蜜源为油菜、紫云英（图 3-9）、茶花等。

育种素材：浙江平湖、萧山、嘉兴、杭州、桐庐、绍兴等地的王浆高产意大利蜂。

图 3-9　工蜂采集紫云英（徐新建　摄）

培育过程：1988 年开始先后从嘉兴、桐庐、萧山、慈溪等地的蜂农搜集王浆高产蜂种，连同浙江农业大学试验蜂场高产群，共计 17 群组成种群组，采用隔离自然交尾和人工授精方法进行闭锁繁育，共繁育了 6 代。至 1993 年育成了王浆高产性状基本稳定的意蜂新品系。

（三）饲养管理

浙农大 1 号意蜂 60% 为定地结合小转地饲养，40% 为转地饲养。

饲养中要注意高产性能和抗病、抗螨、抗逆性能考察；勤记录、重选育；种用雄蜂和蜂王的选择同等重要；避免近亲交配，充分利用杂种优势。

在外界蜜源充足、温湿度适宜季节，应与邻近蜂场协作，选择强壮健康蜂群，培育雄蜂和处女王；注意交尾场有足够的优质雄蜂。双王群或主副群饲养，饲料充足，蜂多于脾，蜂数密集；控制蜂螨、蜂病危害；流蜜期适当控制蜂王产卵，适时取蜜。

（四）推广利用情况

目前，浙农大 1 号意蜂的核心种群为 500 群左右，饲养在浙江省淳安县千岛湖、嘉兴等地，并和浙江龙游、绍兴、宁波等地的定地蜂场经常交换种王、开展生产性能考察工作，不断提高蜂种生产性能。已全面向全国推广浙农大 1 号意蜂蜂王，是农业部 2013 年度主推的 2 个蜂业主导品种之一。

三、白山 5 号蜜蜂配套系

白山 5 号蜜蜂配套系是 1982 ~ 1988 年吉林省养蜂科学研究所在长白山区育成的一个以生产蜂蜜为主、王浆为辅的蜜、浆高产型西方蜜蜂配套系。经过多年的推广应用，在生产实践中表现出比较强的杂种优势，深受养蜂者的喜爱和欢迎。1988 年通过专家鉴定，1989 年获农业部科技进步三等奖。

白山 5 号蜂群群体血统构成为：单交种蜂王 + 三交种工蜂 + 单交种雄蜂。

（一）品种特征和性能

1. 形态特征

近交系 A（卡尼鄂拉蜂）：蜂王体呈黑色，腹部背板有深棕色环带，体长 16 ~ 18 毫米，初生重 160 ~ 250 毫克；雄蜂体呈黑色，个体粗大，尾部钝圆，体长 14 ~ 16 毫米，初生重 206 ~ 230 毫克；工蜂体呈黑色，腹部背板有棕黄色环带，腹部细长，覆毛短，绒毛带宽而密，体长 11 ~ 13 毫米。

近交系 B（喀尔巴阡蜂）：蜂王体躯细长，体呈黑色，腹节背板有棕色斑或棕黄色环带，体长 16 ~ 18 毫米，初生重 150 ~ 230 毫克；雄蜂体呈黑色，体躯粗壮，体长 13 ~ 15 毫米，初生重 200 ~ 210 毫克；工蜂体呈黑色，少数工蜂第 2 ~ 3 腹节背板有棕黄色斑或棕黄色环带，腹部细长，覆毛短，绒毛带宽而密，体长 12 ~ 14 毫米。

近交系 C（美国意大利蜂）：蜂王体呈黄色，尾部有明显的黑色环节，体长 16 ~ 18 毫米，初生重 175 ~ 290 毫克；雄蜂体呈黄色，第 3 ~ 5

腹节背板有黑色环带，体躯粗大，尾部钝圆，体长 14 ～ 16 毫米，初生重 210 ～ 230 毫克；工蜂体呈黄色，腹部背板有明显的黑色环节，尾尖为黑色，体长 12 ～ 14 毫米。

白山 5 号（A•B×C）：个体形态相当于喀蜂或意蜂，体色不同于亲本，蜂王个体较大，腹部较长，多为黑色或花色，少数蜂王第 3 ～ 5 腹节背板有棕黄色环带，背板有灰色绒毛，体长 16 ～ 18 毫米，初生重 160 ～ 250 毫克（图 3-10）；雄蜂为黑色，体躯粗壮，体长 14 ～ 16 毫米，初生重 206 ～ 230 毫克（图 3-11）；工蜂多数为黄色，第 2 ～ 4 腹节背板有黄色环带，少数工蜂为黑色，体长 12 ～ 14 毫米（图 3-12）。工蜂的主要形态指标见表 3-1。

图 3-10　白山 5 号配套系蜂王

图 3-11　白山 5 号配套系雄蜂

图 3-12　白山 5 号配套系工蜂

表 3-1　白山 5 号配套系工蜂主要形态指标

初生重（毫克）	吻长（毫米）	前翅长（毫米）	前翅宽（毫米）	肘脉指数	第 3 ＋ 4 腹节背板总长（毫米）
112.7 ± 4.07	6.35 ± 0.05	9.28 ± 0.13	3.27 ± 0.06	2.09 ± 0.14	4.77 ± 0.12

注：数据由吉林省养蜂科学研究所测定。

2. 生物学特性

近交系 A（卡尼鄂拉蜂）：善于采集零星蜜源，越冬安全，适应性较强。

近交系 B（喀尔巴阡蜂）：采集力较强，越冬安全，节省饲料。

近交系 C（美国意大利蜂）：繁殖力、采集力较强。

白山 5 号（A•B×C）：产育力强，育虫节律较陡，子脾面积较大，能维持 9 ~ 11 张子脾，子脾密实度高达 90%（图 3-13）；繁殖力比本地意蜂提高了 18% 以上；分蜂性弱，能养成强群，可维持 14 ~ 16 框蜂的群势；一个越冬原群每年能分出 1 ~ 2 个新分群；大流蜜期易出现蜜压卵圈现象，流蜜期后群势略有下降；越冬蜂数能达到 5 ~ 7 框。

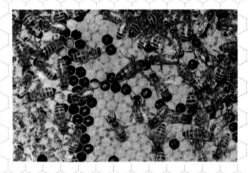

图 3-13　白山 5 号配套系蜂脾

3. 生产性能

据测试，白山 5 号三交种蜜蜂繁殖力比本地意蜂提高 17% 以上，蜂蜜产量增加 30% 以上，蜂王浆产量增加 20% 以上，越冬群势削弱率降低约 10%，越冬饲料消耗量降低 25% 以上。具有繁殖快、耐大群、采集力强、高产、低耗、越冬越夏安全等优点。适合南方、北方各地饲养，适合大蜜源地区和零散蜜源地区饲养，适合兼顾生产蜂蜜、蜂王浆、花粉、雄蜂蛹等多种蜂产品饲养，是当前国内较为优良的三交种蜜蜂，达到国内先进水平。

（二）培育简况

培育场地气候、蜜源特点：培育场地在长白山腹地，具有显著的温带半干旱大陆性季风气候特点，冬季持续时间长而且比较寒冷，夏季短暂而温暖。年平均气温 3 ~ 5℃，无霜期 110 ~ 130 天；年降水量 350 ~ 1 000毫米。越冬期 130 天左右。蜜粉源植物 400 余种，主要蜜源植物为椴树、香槐（图 3-14）、山花、胡枝子；辅助蜜源植物有侧金盏、柳树、槭树、稠李、忍冬藤、山里红、山狝猴桃、黄柏、珍珠梅、柳兰、蚊子草、野豌豆、益母草、月见草等，4 ~ 9 月花期连续不断。

图 3-14 蜜源植物香槐

育种素材：喀尔巴阡蜂、卡尼鄂拉蜂、美国意大利蜂。

技术路线：确定育种素材→建立近交系→配套系组配→配套系对比试验→中间试验→确定配套系。

近交系 A：系祖卡尼鄂拉蜂，1982 年建立，兄妹交配 9 代，近交系数达 0.859。

近交系 B：系祖喀尔巴阡蜂，1982 年建立，兄妹交配 7 代、母子回交 2 代，近交系数达 0.94。

近交系 C：系祖美国意大利蜂，1983 年建立，兄妹交配 3 代，近交系数达 0.625。

培育过程：为了适应养蜂生产发展的需要，吉林省养蜂科学研究所于 1984 年开始选育具有综合优势的杂交种蜜蜂，以卡尼鄂拉蜂、喀尔巴阡蜂和美国意大利蜂为亲本素材，系祖确定后，应用人工授精和控制自然交尾相结合的现代蜜蜂育种技术，在多年近交系选育的基础上（近交 10 代左右），有计划地进行杂交种的组配。从单交种深入到三交、双交，并采用了近交系选育同杂交组合配制相结合，经济性状测试同投入生产试养相结合的作业程序，经过 5 年选育，4 年测试推广，终于从 13 个杂交组合和 3 个亲本素材中筛选出 A•B×C 三交种，即并定名为白山 5 号三交蜜蜂。

（三）饲养管理

目前，白山 5 号蜜蜂配套系定地饲养蜂群占 20%，小转地饲养占 50%，大转地饲养占 30%。单场规模 100 群左右，有 90% 采用标准箱饲养，10% 采用其他蜂箱饲养。

白山 5 号蜜蜂配套系饲养技术要点：选择蜜粉源充足的繁殖和生产场地培育优质蜂王，调动蜂王产卵积极性，延缓蜂群的分蜂热，及时培育生产适龄蜂，防治螨害和其他病虫害，保持蜂群生产能力。

（四）推广应用情况

白山 5 号具有繁殖快、耐大群、采集力强、高产、低耗、越冬和越夏安全等优点。适合南北方各地饲养，适合大蜜源地区和零散蜜源地区饲养，适合兼顾生产蜂蜜、王浆、花粉和雄蜂蛹等多种蜂产品饲养，是当前国内较为优良的三交种蜜蜂，目前吉林、辽宁和黑龙江是主要的饲养区，饲养规模超过 20 万群。

四、国蜂 213 配套系

国蜂 213 是"七五"期间中国农业科学院蜜蜂研究所在湖南省畜牧局、山西省晋中种蜂场等单位的协作下，育成的蜂蜜高产型西方蜜蜂配套系。

国蜂 213 蜂群的血统构成：蜂王是单交种（H×C），工蜂是三交种（H·C×A）。培育工作是在北京、山西和湖南同时进行的。

（一）品种特征和性能

1. 形态特征

近交系 A（美国意大利蜂）为黄色，近交系 C（卡尼鄂拉蜂）为黑色，近交系 H（意大利蜂 × 美国意大利蜂），杂交一代中的 Cordovan 突变型为橙红色（无黑环）。

国蜂 213（H·C×A）：蜂王为花色，工蜂为黄色和花色两种，雄蜂为橙红色和黑色两种。工蜂其他形态指标见表 3–2。

表 3-2　国蜂 213 配套系工蜂的其他主要形态指标

种系	吻长（毫米）	前翅长（毫米）	前翅宽（毫米）	肘脉指数	第 3 + 4 腹节背板总长（毫米）
近交系 A	6.38 ± 0.09	9.43 ± 0.10	3.30 ± 0.05	2.41 ± 0.18	4.70 ± 0.10
近交系 C	6.52 ± 0.10	9.40 ± 0.10	3.29 ± 0.06	2.35 ± 0.28	4.65 ± 0.10
近交系 H	6.32 ± 0.04	9.35 ± 0.07	3.19 ± 0.06	2.37 ± 0.14	4.40 ± 0.10
国蜂 213	6.63 ± 0.11	9.42 ± 0.13	3.31 ± 0.09	2.58 ± 0.29	4.75 ± 0.10

2. 生物学特性

近交系 A：采集大宗蜜源能力强，能维持强群，泌浆能力较弱。

近交系 C：采集力强，善于利用零星蜜粉源，节约饲料，不能维持强群，泌浆能力差。

近交系 H：产育力强，泌浆能力强，工蜂寿命较短，饲料消耗较多。

国蜂 213（H · C×A）：产育力强，繁殖快。采集力特别强，产浆性能高于本地意蜂。抗病力强，越冬性能好，性情温驯。

3. 生产性能

国蜂 213 的产育力强，最高有效日产卵量可达 1 500 粒以上，与本地意大利蜂相比，提高 5% 左右；能维持较大的群势。产蜜量高，定地饲养年均群产蜜量可达 35 ~ 50 千克；转地饲养年均群产蜜量可达 100 ~ 200 千克，比本地意蜂提高近 70%。泌浆能力有所改善，在大流蜜期每 72 小时群均产王浆 50 克以上，比本地意蜂提高了近 20%。

国蜂 213 蜜蜂性情较温驯，其饲养管理方法与饲养意大利蜂相似。适合在饲养意大利蜂的地区饲养。

（二）培育简况

培育场地气候、蜜源特点：培育工作是在北京、山西和湖南同时进行的；北京属温带半湿润大陆性季风气候，春季少雨多风，夏季炎热多雨，秋季气候温和，冬季干燥寒冷。主要蜜源植物有刺槐、枣树、板栗和荆条。山西属温带大陆性季风气候，春季气候多变，风沙较多；夏季炎热，雨水集中；秋季短暂，温差较大；冬季较长，严寒干燥。主要蜜源植物有油菜、刺槐、狼牙刺、向日葵、荆条等。湖南属亚热带湿润气候，光照充足，雨量充沛，无霜期长，四季分明。蜜源植物种类繁多，四季花开不断，主要有油菜、紫云英、柑橘、棉花、荆条、野桂花等。

育种素材：由意大利引进的意大利蜂王后代（Ⅰ），由美国引进的美国意大利蜂王（A），由德国引进的卡尼鄂拉蜂王后代（C），由黑龙江省饶河县东北黑蜂原种场搜集到的东北黑蜂王（B）。

育种技术路线：近交→系间杂交→三交组配→筛选→生产鉴定(中试)。

培育过程：1985 年年底以前，搜集和试养了 8 个西方蜜蜂品种或品系，包括意大利蜂、美国意大利蜂、卡尼鄂拉蜂、喀尔巴阡蜂、高加索蜂、东北黑蜂、新疆黑蜂、本地意大利蜂等，根据其在试养过程中的性状表现，选用了意大利蜂、美国意大利蜂、卡尼鄂拉蜂、喀尔巴阡蜂、东北黑蜂等 5 个素材建立近交系。

应用人工授精技术，通过母子回交、兄妹回交等近交系统，建成了 A（美国意大利蜂）、B（东北黑蜂）、C（卡尼鄂拉蜂）和 H（意大利蜂 × 美国意大利蜂杂交一代中的 Cordovan 突变型）等 4 个西方蜜蜂近交系，其中，A 系、B 系和 C 系的近交系数已达 0.9 以上，H 系的近交系数已超过 0.5（在配套系中，只用了 A 系、C 系和 H 系）。

应用人工授精技术，根据亲本优缺点互补的原则进行系间杂交，并进行配合力测定；用配合力强的单交组合 A×B、H×A、H×C 作母本，分别以近交系 A、C 和 H 作父本，用控制自然交尾的方法（空间隔离法和时间隔离法），配制成 A•B×A、H•A×A、H•C×A、A•B×C、H•A×C、H•C×C、A•B×H、H•A×H、H•C×H 九个三交（或回交）组合。

用本地意大利蜂作对照，对三交（或回交）组合的产育力、采集能力和泌浆能力进行考察。筛选出一个蜂蜜产量最高的组合——H•C×A，即国蜂 213 配套系。

（三）饲养管理

国蜂 213 配套系产育力强，产卵整齐，子圈面积大，较温驯，易于饲养和推广，其饲养管理方法与饲养意大利蜂相似。凡适合饲养意大利蜂的地区，皆可饲养国蜂 213 配套系。

（四）推广利用情况

截至 2008 年年底，已累计向全国推广国蜂 213 父母代蜂王 10 000 余只，改良蜜蜂 100 万群以上。北京、湖南、山西等省、市及全国养蜂主产区饲养国蜂 213 配套系及其杂交种蜜蜂 25 万余群。

五、国蜂 414 配套系

国蜂 414 是"七五"期间中国农业科学院蜜蜂研究所在湖南省畜牧局、山西省晋中种蜂场等单位的协作下，育成的王浆高产型西方蜜蜂配套系。

国蜂 414 蜂群的血统构成：蜂王是单交种（H×A），工蜂是三交种（H•A×H）。

培育工作在北京、山西和湖南同时进行的。

（一）品种特征和性能

1. 形态特征

近交系 A（美国意大利蜂）为黄色，近交系 H（意大利蜂 × 美国意大利蜂杂交一代中的 Cordovan 突变型），为橙红色（无黑环）。

国蜂 414（H•A×H）：蜂王为黄色（图 3-15），雄蜂为黄色和橙红色两种（图 3-16），工蜂也为黄色和橙红色两种（图 3-17）。

图 3-15 国蜂 414 配套系蜂王

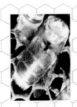
图 3-16 国蜂 414 配套系雄蜂

图 3-17 国蜂 414 配套系工蜂

2. 生物学特性

近交系 A（美国意大利蜂）：采集大宗蜜源能力强，能维持强群，泌浆能力较弱。

近交系 H（意大利蜂 × 美国意大利蜂杂交一代中的 Cordovan 突变型）：产育力强，泌浆能力强，工蜂寿命较短，饲料消耗较多。

国蜂 414（H•A×H）：产育力与本地意大利蜂相似，采集力稍强于本地意大利蜂，产浆性能良好，饲料消耗量大。抗病力、越冬性能、温驯性等与本地意大利蜂相似。

4. 生产性能

国蜂 414 的产育力与本地意大利蜂相似，能维持大群。产浆量高，在大流蜜期，平均每 72 小时群产王浆 70 克以上，与本地意蜂相比，提高

60%左右。产蜜能力有所改善，与本地意大利蜂相比，提高10%左右。性情温驯，其饲养管理方法与饲养意大利蜂相似。适合在饲养意大利蜂的地区饲养。

培育场地气候、蜜源特点：培育工作是在北京、山西和湖南同时进行的；北京属温带半湿润大陆性季风气候，春季少雨多风，夏季炎热多雨，秋季气候温和，冬季干燥寒冷。主要蜜源植物有刺槐、枣树、板栗和荆条。山西属温带大陆性季风气候，春季气候多变，风沙较多；夏季炎热，雨水集中；秋季短暂，温差较大；冬季较长，严寒干燥。主要蜜源植物有油菜、刺槐、狼牙刺、向日葵、荆条等。湖南属亚热带湿润气候，光照充足，雨量充沛，无霜期长，四季分明。蜜源植物种类繁多，四季花开不断，主要有油菜、紫云英、柑橘、棉花、荆条、野桂花等。

育种素材：由意大利引进的意大利蜂王后代（Ⅰ），由美国引进的美国意大利蜂王（A），由德国引进的卡尼鄂拉蜂王后代（C），由黑龙江省饶河县东北黑蜂原种场搜集到的东北黑蜂王（B）。

育种技术路线：近交→系间杂交→三交组配→筛选→生产鉴定（中试）。

培育过程：1985年年底以前，搜集和试养了8个西方蜜蜂品种或品系，包括意大利蜂、美国意大利蜂、卡尼鄂拉蜂、喀尔巴阡蜂、高加索蜂、东北黑蜂、新疆黑蜂、本地意大利蜂等，根据其在试养过程中的性状表现，选用了意大利蜂、美国意大利蜂、卡尼鄂拉蜂、喀尔巴阡蜂、东北黑蜂等5个素材建立近交系。

应用人工授精技术，通过母子回交、兄妹回交等近交系统，建成了A（美国意大利蜂）、B（东北黑蜂）、C（卡尼鄂拉蜂）和H（意大利蜂 × 美国意大利蜂杂交一代中的 Cordovan 突变型）等 4 个西方蜜蜂近交系，其中，A 系、B 系和 C 系的近交系数已达 0.9 以上，H 系的近交系数已超过 0.5（在配套系中，只用了 A 系和 H 系）。

应用人工授精技术，根据亲本优缺点互补的原则进行系间杂交，并进行配合力测定；用配合力强的单交组合 A×B、H×A、H×C 作母本，分别以近交系 A、C 和 H 作父本，用控制自然交尾的方法（空间隔离法和时间隔离法），配制成 A·B×A、H·A×A、H·C×A、A·B×C、H·A×C、H·C×C、A·B×H、H·A×H、H·C×H 九个三交（或回交）组合。

用本地意大利蜂作对照，对三交（或回交）组合的产育力、采集能力和泌浆能力进行考察。筛选出一个王浆产量最高的组合——H·A×H，即国蜂 414 配套系。

（二）饲养管理

国蜂 414 配套系产育力强，产卵整齐，子圈面积大，较温驯，易于饲养和推广，其饲养管理方法与饲养意大利蜂相似。凡适合饲养意大利蜂的地区，皆可饲养国蜂 414 配套系。

（三）推广利用情况

截至 2008 年年底，已累计向全国推广国蜂 414 父母代蜂王 5 000 只左右，改良蜜蜂 50 000 群以上。北京、湖南、山西等省、市及全国养蜂主产区饲养国蜂 414 配套系及其杂交种蜜蜂 125 000 群。

六、松丹蜜蜂配套系

松丹蜜蜂配套系是吉林省养蜂科学研究所于 1989 ～ 1993 年在松花江和牡丹江流域育成的蜜、浆高产型西方蜜蜂配套系（以生产蜂蜜为主、兼顾王浆生产），由 2 个单交种正反交组配而成，正交为松丹 1 号，反交为松丹 2 号，因其培育场地而得名"松丹"。

松丹 1 号蜂群的血统构成：蜂王为单交种（C×D），工蜂为双交种（C•D × R•C）。

松丹 2 号蜂群的血统构成：蜂王为单交种（R×H），工蜂是双交种（R•H × C•D）。

（一）品种特征和性能

1. 形态特征

C 系（卡尼鄂拉蜂）：蜂王个体粗壮，体呈黑色，腹节背板有棕色斑或棕黄色环带，体长 16 ～ 18 毫米，初生重 160 ～ 250 毫克。雄蜂体呈黑色，体长 14 ～ 16 毫米，初生重 206 ～ 230 毫克。工蜂体呈黑色，少数工蜂第 2 ～ 3 腹节背板有棕黄色斑或棕黄色环带，腹部细长，覆毛短，绒毛带宽而密，体长 12 ～ 14 毫米。

D 系（喀尔巴阡蜂）：蜂王个体细长，腹节背板有深棕色环带，体长 16 ～ 18 毫米，初生重 150 ～ 230 毫克。雄蜂体呈黑色，个体粗大，尾部钝圆，体长 13 ～ 15 毫米，初生重 200 ～ 210 毫克。工蜂体呈黑色，腹节背板有棕黄色环带，腹部细长，覆毛短，绒毛带宽而密，体长 11 ～ 13 毫米。

R 系（美国意大利蜂）：蜂王体呈黄色，尾部有明显的黑色环节，体长 16 ~ 18 毫米，初生重 175 ~ 290 毫克。雄蜂体呈黄色，第 3 ~ 5 腹节背板有黑色环带，个体粗大，尾部钝圆，体长 14 ~ 16 毫米，初生重 210 ~ 230 毫克。工蜂体呈黄色，腹节背板有明显的黑色环节，尾尖黑色，体长 12 ~ 4 毫米。

H 系（浙江浆蜂）：蜂王体呈黄红色，尾部有明显的黑色环节，体长 16 ~ 18 毫米，初生重 200 ~ 245 毫克。雄蜂体呈黄色，第 3 ~ 5 腹节背板有黑色环带，个体粗大，尾部钝圆，体长 14 ~ 16 毫米，初生重 210 ~ 230 毫克。工蜂体呈黄色，腹节背板有明显的黑色环节，尾尖黑色，体长 12 ~ 14 毫米。

松丹 1 号（C•D × R•C）：蜂王个体较大，腹部较长，多为黑色，少数蜂王第 3 ~ 5 腹节背板有棕黄色环带，背板有灰色绒毛，体长 16 ~ 18 毫米，初生重 162 ~ 253 毫克。雄蜂体呈黑色，个体粗壮，体长 14 ~ 16 毫米，初生重 208 ~ 232 毫克。工蜂体呈花色，多数工蜂第 2 ~ 4 腹节背板有黄色环带，少数工蜂为黑色，体长 12 ~ 14 毫米。

松丹 2 号（R•H × C•D）：蜂王体呈黄色，少数蜂王尾尖黑色，背板有黄色绒毛，体长 16 ~ 18 毫米，初生重 181 ~ 289 毫克。雄蜂体呈黄色，背板有黄色绒毛，个体粗大，尾部钝圆，体长 14 ~ 16 毫米，初生重 212 ~ 235 毫克。工蜂体呈黄色，多数工蜂第 2 ~ 4 腹节背板有黑色环带，尾尖黑色，体长 12 ~ 14 毫米。

2. 生物学特性

C 系（卡尼鄂拉蜂）：善于采集零星蜜源，越冬安全，适应性较强。

D 系（喀尔巴阡蜂）：采集力较强，越冬安全，节省饲料。

R 系（美国意大利蜂）：繁殖力和采集力较强。

H 系（浙江浆蜂）：产王浆量较高，耐热。

松丹蜜蜂配套系：产卵力强，育虫节律较陡，春季初次进粉后，蜂王产卵积极，子脾面积较大，群势发展快。到椴树花期，群势达到高峰，能维持 9 ～ 12 张子脾，外界蜜粉源丰富时蜂王产卵旺盛，工蜂哺育积极，子脾密实度高达 93% 以上，蜜粉源较差时蜂王产卵速度下降。分蜂性弱，能养成强群，可维持 14 ～ 17 框蜂群势，一个越冬原群每年可分出 1 ～ 2 群。大流蜜期易出现蜜压卵圈现象，流蜜期后群势略有下降。越冬群势能达 6 ～ 9 框蜂。

（二）推广利用情况

松丹蜜蜂配套系具有繁殖力强、高产、抗病、越冬安全、节省饲料、饲养成本降低等优点，适合南北方各地饲养，已累计向全国各地推广 2 万多只种蜂王，改良蜜蜂 150 万多群，提高了养蜂生产者的经济效益。

至 2008 年吉林、辽宁、黑龙江、内蒙古等省、自治区及全国养蜂主产区，饲养松丹配套系及其杂交种蜜蜂 375 000 群。

七、晋蜂 3 号配套系

晋蜂 3 号是"七五"和"八五"期间，山西省晋中种蜂场根据本省养蜂生产的需要育成的蜂蜜高产型西方蜜蜂配套系。

晋蜂 3 号蜂群的血统构成：蜂王是单交种（I × A），工蜂是三交种（I•A × K）。

（一）品种特征和性能

1. 形态特征

近交系 I（意大利蜂）为黄色，近交系 A（安纳托利亚蜂）为黑色，近交系 K（卡尼鄂拉蜂）为黑色。晋蜂 3 号（I·A × K）：蜂王为花色，第 2 腹节背板的黄区较大、最明显，其后各腹节背板的黄区逐渐变小，黑区逐渐增大，第 4 腹节背板虽有黄区，但黄区较小，其后缘的黑环较宽，第 5 腹节背板全部为黑色，腹部腹板大部分为黄色，腹板两侧有少许黑斑，蜂王体长 18.3 ~ 20.5 毫米，初生重 200 ~ 230 毫克（图 3-18）；雄蜂有黄色和黑色两种，个体粗壮，翅宽大，复眼发达，具有灰色或黑灰色绒毛，体长 15.9 ~ 19.5 毫米，初生 190 ~ 225 毫克（图 3-19）；工蜂有花色和黑色两种，体表具白色或灰色绒毛，体长 12.1 ~ 13.2 毫米，初生重 93 ~ 105 毫克（图 3-20）。

图 3-18　晋蜂 3 号配　　图 3-19　晋蜂 3 号配　　图 3-20　晋蜂 3 号配
套系蜂王　　　　　　套系雄蜂　　　　　　套系工蜂

2. 生物学特性

晋蜂 3 号配套系产卵能力强，春季繁殖较快、平稳，能维持大群；采集力强，不仅对大宗蜜源有良好的采集能力，而且善于利用零星蜜源；抗病能力强；越冬性能良好；性情温驯，定向能力强，盗性弱。

3. 生产性能

能维持大群，采集力强，与本地意大利蜂相比，产蜜量提高25%以上。定地饲养年均群产蜂蜜40千克以上，转地饲养年均群产蜂蜜60～100千克。产浆能力和清巢能力都很优良；较温驯，便于饲养管理；适合于我国华北地区饲养。

（二）培育简况

培育场地气候、蜜源特点：培育工作是在山西省进行的，山西省位于北纬34°34.8'～40°43.4'、东经110°14.6'～114°33.4'，地形地貌复杂，东部为山地，西部为高原山地，中部为裂陷盆地；属温带大陆性季风气候，年平均气温3.7～13.8℃，气候的垂直变化和南北差异显著：由北往南，冬季平均气温－12～2℃，夏季平均气温22～27℃，无霜期120～220天。全省有蜜源植物500多种，其中连片的大宗蜜源植物有15种之多，面积达100万～130万公顷，蜜粉源植物十分丰富，主要蜜源植物有油菜、刺槐、狼牙刺、荆条、向日葵和草木樨。

育种素材：由意大利引进的意大利蜂王后代（I），由河北省承德市蜜蜂原种场引入的安纳托利亚蜂王（A），由德国引进的卡尼鄂拉蜂王后代（K）。

育种技术路线：近交→系间杂交→三交组配→筛选→生产鉴定（中试）。

培育过程：应用人工授精技术，通过母子回交、兄妹回交、表兄妹交配等近交系统，建成了I（意大利蜂）、A（安纳托利亚蜂）和K（卡尼鄂拉蜂）3个西方蜜蜂近交系，其近交系数均达0.8以上。

应用人工授精技术，根据亲本优缺点互补的原则进行系间杂交，并进行配合力测定；用配合力强的单交组合作母本，分别以近交系 A、K 和 M（美国意大利蜂）作父本，用控制自然交尾的方法（空间隔离法和时间隔离法），配制成 7 个三交组合。

用本地意蜂作对照，对 7 个三交组合的产育力、采集能力和泌浆能力等经济性状进行考察，筛选出一个综合性状最好的组合——I·A × K，定名晋蜂 3 号蜜蜂配套系。试验表明，晋蜂 3 号蜜蜂配套系的采集性能、抗病性能、产育力均优于其他组合。最后，将 1 000 多群晋蜂 3 号放在山西全省进行多点中试（用本地意大利蜂作对照），对其生产性能进行考察，以验证育种试验场的小试结果。

（三）饲养管理

晋蜂 3 号具有性情温驯、便于管理、产育力强、能维持大群等优点。

晋蜂 3 号无特殊饲养要求，要注意选择蜜粉源充足的场地生产繁殖，精心培育优质蜂王，防止分蜂热发生，有效防治病虫害，充分调动蜂群的采集和繁殖积极性。

（四）推广利用情况

1995 ~ 1997 年在山西 14 个县、市推广了 50 000 群晋蜂 3 号，1999 ~ 2000 年在山西 7 个地市推广了 45 000 群晋蜂 3 号，累计在 21 个县市推广 95 000 群，经济效益、社会效益和生态效益显著。

试验和推广应用情况表明，晋蜂 3 号蜜蜂配套系的产育力、采集力、抗逆性、生产性能都很强，经济效益显著，性情温驯，便于管理，不但适合山西的蜜源气候条件，而且适应华北各省的蜜源气候条件。至 2008 年山西及华北各地，饲养晋蜂 3 号配套系及其杂交种蜜蜂 95 000 群，是农业部 2013 年度主推的 2 个蜂业主导品种之一。

专题四
引入品种

　　19 世纪末，西方蜜蜂和活框养蜂技术开始被引入我国。20 世纪 50 ～ 80 年代，为了发展养蜂生产，提高蜂产品的产量和质量，我国加大了从国外引入西方蜜蜂品种的力度，用于改良本地的蜜蜂品种，为我国的蜂业发展奠定了坚实的基础。引入的西方蜜蜂品种主要有 8 个，包括：意大利蜂、美国意大利蜂、澳大利亚意大利蜂、卡尼鄂拉蜂、高加索蜂、安纳托利亚蜂、喀尔巴阡蜂和塞浦路斯蜂。部分品种被作为母本或父本用于我国的蜜蜂良种繁育，培育成功了一批具有良好经济性状的蜜蜂配套系。

一、意大利蜂

（一）原产地与引入历史

1. 原产地

意大利蜂原产于意大利的亚平宁半岛。原产地气候、蜜源条件的特点是：冬季短，温暖而湿润，夏季炎热而干旱；蜜源植物丰富，花期长。主要蜜源植物有油菜、刺槐、板栗、椴树、三叶草、向日葵（图4-1）、苜蓿、油橄榄、薰衣草、柑橘等。在类似的自然条件下，意大利蜂表现出很好的经济性状，在严寒漫长的冬季、春季常有寒潮袭击的地方，适应性较差。在中国习惯上将从原产地引进的意大利蜂称为原种意大利蜂，简称原意。意大利蜂因其优良的经济性状，特别是旺盛的产育力和产浆能力而深受养蜂者的喜爱，早已成为世界性的蜜蜂品种，它在世界养蜂业中的作用，是其他任何蜜蜂难以替代的。

图4-1 蜜源植物向日葵（冯毛 摄）

2. 引入历史

1912 年秋驻美公使龚怀西由美国回国时，带回 5 群意大利蜂，放在安徽合肥饲养，这是中国首次引进和饲养意大利蜂，最多时曾发展到 100 多群。

1913 年春福建闽侯县的张品南，从日本学习活框养蜂技术回国时，购回 4 群意大利蜂以及活框养蜂用的巢础、分蜜机等新式蜂具和书籍，开始专业饲养意大利蜂。1914 年天津由日本引进意大利蜂。1917 年北京农事试验场由国外引进意大利蜂，并在华北地区进行推广。1918 年江苏由日本购回 12 群意大利蜂，1921 年又从美国引进 5 群纯种意大利蜂，进行育王换种。在他们的倡导和带动下，各地纷纷引进和饲养意大利蜂，仅 1928 ~ 1932 年的 5 年中，中国就从日本进口了约 30 万群意大利蜂，其中华北地区 1930 年就进口了 110 000 群。由于多数蜂场设在城市，蜜源不足，加之由日本引进的意大利蜂患有严重的美洲幼虫腐臭病，使华北养蜂业，乃至全国养蜂业遭到巨大损失。截至 1949 年，全国饲养的蜂群总数约 50 万群，其中 10 万群为意大利蜂。

1974 年 5 ~ 7 月农林部和外贸部由意大利引入意大利蜂王 560 只，分配给全国 27 个省、市、自治区。为保存、繁育和推广应用这些意大利蜂，20 世纪 70 年代中期，很多地方相继成立了蜜蜂原种场或种蜂场。20 世纪 80 年代以后，又曾多次少量引入意大利蜂王。

（二）品种特征和性能

1. 形态特征

意大利蜂为黄色蜂种，其个体大小和体形与卡尼鄂拉蜂相似。蜂王体呈黄色，第 6 腹节背板通常为棕褐色；少数蜂王第 6 腹节背板为黑色，第 5 腹节背板后缘有黑色环带（图 4-2）。雄蜂腹节背板为黄色，具黑斑或黑色环带，绒毛淡黄色（图 4-3）。工蜂体呈黄色，第 4 腹节背板后缘通常具黑色环带，第 5 ～ 6 腹节背板为黑色（图 4-4）。

图 4-2　意大利蜜蜂蜂王　　　图 4-3　意大利蜜蜂雄蜂　　　图 4-4　意大利蜜蜂工蜂

2. 生物学特性

意大利蜂产育力强，卵圈集中，子脾密实度达 90% 以上（图 4-5）。育虫节律平缓，早春蜂王开始产卵后，气候、蜜源等自然条件对其影响不大，即使在炎热的夏季和气温较低的晚秋也能保持较大面积的育虫区。分蜂性弱，易养成强群，能维持 9 ～ 11 张子脾、13 ～ 15 框蜂量的群势。对大宗

图 4-5　意大利蜜蜂蜂脾（李建科　摄）

蜜源的采集力强，但对零星蜜粉源的利用能力较差，花粉的采集量大。在夏秋两季往往采集较多的树胶。泌蜡造脾能力强。分泌王浆能力强。饲料

消耗量大，在蜜源条件不良时，易出现食物短缺现象。性情温驯，不怕光，开箱检查时很安静。定向力较差，易迷巢、盗性强、清巢能力强。越冬饲料消耗量大，在纬度较高的严寒地区越冬较困难。抗病力较弱，易感染幼虫病；抗螨力弱，抗巢虫能力较强。蜜房封盖为干型或中间型。

3. 生产性能

意大利蜂产蜜能力强，在花期较长的大流蜜期，在华北的荆条花期或东北的椴树花期，一个意大利蜂强群最高可产蜂蜜 50 千克。产蜂王浆能力低于浆蜂，在大流蜜期，一个意蜂强群平均每 72 小时可产王浆 50 克以上，其 10-HDA 含量达 1.8% 以上。

意大利蜂年均群产蜂花粉 3 ～ 5 千克，是生产蜂花粉的理想蜂种。夏秋季节，意大利蜂常大量采集和利用蜂胶，也是理想的蜂胶生产蜂种。

（三）推广利用情况

意大利蜂生产性能优良，性情温驯，便于饲养管理，适应中国大部分地区的气候和蜜源条件。因此在 20 世纪初由日本和美国引进后，深受各地养蜂业人士欢迎，推广非常迅速。

自 20 世纪 50 年代以来，意大利蜂已成为中国养蜂生产的当家品种。现有人工饲养的西方蜜蜂约 600 万群，意大利蜂及其杂交种占 60% ～ 70%。长江中下游流域、华北、西北和东北等养蜂主产区，约有意大利蜂及其杂交种蜜蜂 150 万群。据不完全统计，目前中国年产蜂蜜超过 47 万吨，大部分是用意大利蜂生产的；年产王浆 4 000 余吨，蜂花粉约 4 000 吨，蜂胶 500 余吨，主要是用意大利蜂生产出来的。

目前，中国农业科学院蜜蜂研究所、吉林省养蜂科学研究所、山东省试验种蜂场、河北省承德市蜜蜂原种场、江西省种蜂场等单位保存有纯种意大利蜂，它们每年都培育纯种意大利蜂王供应全国各地蜂农。

（四）品种评价

意大利蜂适应中国大部分地区的气候、蜜源条件，性情温驯，便于饲养管理，其饲养范围已遍及全国各地，尤其适合以蜂蜜生产为主、王浆生产为辅的华北地区的蜂场以及辽宁和吉林的蜂场饲养。其综合生产性能，是其他任何蜂种无法比拟的，既可用于蜂蜜、王浆、蜂胶、蜂花粉、蜂蜡、蜂毒等蜂产品的生产，又可用于为作物、果树、蔬菜、牧草等授粉。

意大利蜂不仅是养蜂生产中理想的当家蜂种，且是非常理想的蜜蜂育种素材。例如在国蜂 213、国蜂 414、白山 5 号、松丹、晋蜂 3 号等人工培育的配套系中，无一不含有意大利蜂血统。意大利蜂的一些缺点，如易感染幼虫病、越冬性能较弱、盗性较强等，可以通过选育加以改良。

二、美国意大利蜂

（一）原产地与引入历史

1. 原产地

美国的首批意大利蜂 1859 年由意大利引入，取代之前引入的欧洲黑蜂成为企业化蜂种。为防止蜜蜂传染病的侵入和传播，1923 年美国立法禁止从其他国家进口蜜蜂。现在，美国饲养的蜜蜂主要是意大利蜂（图 4-6）。

美国意蜂的形态特征与原产地意大利蜂基本相同，但体色更黄一些，这是美国蜜蜂育种者对较浅色意蜂类型的偏爱和选择的结果。美国的蜜蜂育种者还特别注意子脾的发展速率、开箱检查时蜂群的安静程度以及对某些流蜜植物的适应性。从而，美国意蜂形成了如三环黄金种意蜂等一些品系，并逐渐培育出抗螨的蜜蜂新品系。

图4-6　美国的意大利蜜蜂蜂场

2. 引入历史

1912年秋驻美公使龚怀西由美国带回5箱意大利蜂并于安徽饲养，这是中国首次引进和饲养意大利蜂。

1921年江苏的华绎之由美国引进5群纯种意大利蜂，进行育王换种。

1974年6月由加拿大引进美意蜂王（三环黄金种）130只，分配到北京、黑龙江、辽宁等16个省、市、自治区。

2000年6月中国农业科学院蜜蜂研究所由美国引进美意蜂王100只，当年即开始向全国推广。在这批蜂王中，体色差异较大，有些个体呈黑色，类似黑色蜂种，有人将其称为"黑美意"，有别于纯种的意大利蜂，可能是意蜂和某一黑色蜂种的杂交种。

现在国内所说的美国意蜂，通常是指 20 世纪 70 年代后从美国引进的意大利蜜蜂蜂王的后代，实际是意蜂品种之间的四个近交系之间的双交种套系的后代，体色浅黄，蜂王产卵力强，善于利用大宗蜜源，采集力及在北方越冬性能优于其他意蜂，并且与其他品种杂交均有优势。

（二）品种特征和性能

1. 形态特征

美国意蜂为黄色蜂种。蜂王黄色，腹部细长，几丁质颜色鲜明，在 2 ~ 4 腹节背板的前部有黄色环带，少数蜂王第 5 腹节背板后缘具黑色环带，第 6 腹节背板后缘通常为黑色（即尾尖为黑色）（图 4-7）；雄蜂黄色，第 3 ~ 5 腹节背板后缘具黑色环带（图 4-8）；工蜂黄色，第 2 ~ 4 腹节背板为黄色，但第 4 腹节背板后缘具有明显的黑色环带，第 5 ~ 6 腹节背板为黑色（图 4-9）。

图 4-7 美国意大利蜂蜂王　　图 4-8 美国意大利蜂雄蜂　　图 4-9 美国意大利蜂工蜂

2. 生物学特性

美国意蜂产育力强，卵圈集中，密实度高，子脾密实度达 90% 以上（图 4-10）。育虫节律平缓，群势发展平稳。

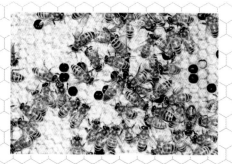

图 4-10　美国意大利蜂蜂脾

美国意蜂产卵整齐，卵圈集中，密实度高。繁殖力强，在外界蜜粉源丰富时，蜂王产卵旺盛，工蜂哺育积极，子脾扩展的速度快，能维持 12 ～ 16 框蜂的群势，极少出现分蜂热。缺花粉时，通过饲喂也能保持强群，蜂王正常产子。在炎热的夏季和气温较低的晚秋，也可保持较大的育虫面积。采集力强，善于利用大宗蜜源，但对零星蜜粉源的利用能力较差，采胶和泌蜡造脾能力强。饲料消耗量大，在蜜源条件不良时，易出现食物短缺现象。盗性强，工蜂守卫能力强。性情非常温驯，不怕光，平时摇蜜不带面网也能照常工作。定向力较差，易迷巢。易感染幼虫病。以强群的形式越冬，在纬度较高的严寒地区越冬较困难。但在南方地区，冬季 0.5 ～ 1 框蜂时也能很好地越冬，春季照样能很快地繁殖成强群。

3. 生产性能

美国意蜂产蜜能力强，在我国华北的荆条花期或东北的椴树花期，一个美国意蜂强群最高可产蜂蜜 50 千克，产浆能力低于浙江浆蜂，但强于任何黑色蜂种，在大流蜜期，一个美国意蜂强群每 72 小时可产王浆 40 ～ 50 克，其 10-HDA 含量不低于 1.8%。对花粉的采集量大，年均群产蜂花粉 3 ～ 5 千克。因其在夏秋爱采树胶，因此可用其进行蜂胶生产。美国意蜂可利用的蜜源植物较多如油菜、荆条、椴树、荔枝、龙眼等。此外，美国意蜂还可用于为果树和大棚内的蔬菜和瓜果授粉。

（三）推广应用情况

自 20 世纪 70 年代至 2000 年，我国已引进多批美国意蜂蜂王。目前，中国农业科学院蜜蜂研究所、吉林省养蜂科学研究所、辽宁省蜜蜂原种场、山东省试验种蜂场、山西省晋中种蜂场、河北省承德市蜜蜂原种场、江西省种蜂场等单位保存有美国意蜂纯种，它们每年都培育纯种美国意蜂蜂王供应全国各地蜂农，尤其是供应以蜂蜜生产为主的北方地区的蜂农。至 2008 年全国约有美国意蜂及其杂交种蜜蜂 450 000 群。

（四）品种评价

美国意蜂适合我国除海南省以外的各地蜂场饲养，尤其适合以蜂蜜生产为主、王浆生产为辅的华北地区以及辽宁和吉林的蜂场饲养。其王浆产量不太高、易感染幼虫病等缺点，可以通过选育加以改良。美国意蜂是很好的蜜蜂育种素材。

三、澳大利亚意大利蜂

（一）原产地与引入历史

1. 原产地

澳大利亚原来没有蜜蜂，澳大利亚饲养的蜜蜂都是由欧洲引入的。澳大利亚意蜂 1884 年由意大利引入，饲养于坎加鲁岛，第二年该岛就被划为意大利蜂保护区。现在，澳大利亚饲养的蜜蜂基本上都是意大利蜂，而且没有螨害。

2. 引入历史

1963 年农业部由澳大利亚引进澳大利亚意蜂蜂王 60 余只，分配给辽宁省蜜蜂原种场和江苏省吴县蜜蜂原种场饲养和保存。

1974 年 5 月由澳大利亚引进澳意蜂蜂王 30 只，分配给四川省和江苏省吴县蜜蜂原种场。

1990 年 11 月中国蜜蜂育种考察组由澳大利亚带回澳意蜂蜂王 50 只，其中的 20 只为人工授精的蜂王，保存于中国农业科学院蜜蜂研究所。

2000 年 4 月中国农业科学院蜜蜂研究所由澳大利亚引进澳意蜂蜂王 50 只，其中存活 45 只，保存于该所的育种场，当年即向全国各地推广应用。

（二）品种特征和性能

1. 形态特征

澳大利亚意蜂的形态特征与美国意蜂很相似。蜂王黄色，体色鲜艳，第 6 腹节背板后缘通常为黑色，即尾尖为黑色（图 4-11）；雄蜂黄色，第 3 ~ 5 腹节背板后缘具黑色环带（图 4-12）；工蜂黄色，第 2 ~ 4 腹节背板为黄色，但第 4 腹节背板后缘的黑色环带比美国意蜂窄，第 5 ~ 6 腹节背板为黑色（图 4-13）。形态特征如下：吻长为 6.51 毫米 ±0.11 毫米，右前翅面积为 15.72 毫米^2 ±0.45 毫米^2，第 3 + 4 背板总宽度为 4.81 毫米 ±0.13 毫米，肘脉指数为 2.43 ±0.27，蜡镜面积为 3.75 毫米^2 ±0.45 毫米^2。

图 4-11　澳大利亚意大利　　图 4-12　澳大利亚意大利　　图 4-13　澳大利亚意大利
蜂蜂王　　　　　　　　　蜂雄蜂　　　　　　　　　蜂工蜂

2. 生物学特性

澳大利亚意蜂的生物学特性与美国意蜂相似，产卵力强，卵圈集中，子脾密实度达90%以上（图4-14）。育虫节律平缓，群势发展平稳。在外界蜜粉源丰富时，蜂王产卵旺盛，工蜂哺育积极，子脾扩展的速度快；在炎热的夏季和气温较低的晚秋，也可保持较大的育虫面积。分蜂性弱，易养成强群，大流蜜期群势一般12～16框蜂，有时还能加2个继箱，群势达20框以上。缺花粉时，通过饲喂能保持强群。采集力强，善于利用大宗蜜源，荆条花期采蜜量高于其他蜂种，但对零星蜜粉源的利用能力较差。采粉能力较强。在夏秋两季往往采集较多的树胶。泌蜡造脾能力强。饲料消耗量大，在蜜源条件不良时，易出现食物短缺现象。抗病力强，抗

图 4-14　澳大利亚意大利蜂蜂脾

螨力不如高加索蜂，越冬能保持强群，早春群势增长快。性情温驯，不怕光，开箱检查时很安静。定向力较差，易迷巢，盗性强，易感染幼虫病。以强群的形式越冬，在纬度较高的严寒地区越冬较困难。

3. 生产性能

澳大利亚意蜂的产蜜能力较强，在中国华北的荆条花期或东北的椵树花期，一个澳大利亚意蜂强群最高可产蜂蜜 50 千克以上。产浆能力低于浙江浆蜂，但强于黑色蜂种，在大流蜜期，一个澳大利亚意蜂强群每 72 小时可产王浆 40～50 克，其 10-HDA 含量不低于 1.8%。对花粉的采集量大，年均群产蜂花粉 3～5 千克。因其在夏秋爱采树胶，因此可用其进行蜂胶生产。澳大利亚意蜂可利用的蜜源植物较多，有荆条、椵树、洋槐、桉树等。此外，澳大利亚意蜂还可用于为果树和大棚内的蔬菜和瓜果授粉。

（三）推广利用情况

自 20 世纪 60 年代至 2000 年，我国已引进多批澳大利亚意蜂蜂王。目前，中国农业科学院蜜蜂研究所、吉林省养蜂科学研究所、河北省承德市蜜蜂原种场、辽宁省蜜蜂原种场、山东省实验种蜂场等单位保存有澳大利亚意蜂纯种，他们每年都培育纯种澳大利亚意蜂蜂王，供应全国各地蜂农。至 2008 年全国约有澳大利亚意蜂及其杂交种蜜蜂 400 000 群。

（四）品种评价

澳大利亚意蜂适合我国除海南省以外的各地蜂场饲养，尤其适合以蜂蜜生产为主、蜂王浆生产为辅的华北地区以及辽宁和吉林的蜂场饲养。其蜂王浆产量不太高、易感染幼虫病等缺点，可以通过选育加以改良。澳大利亚意蜂是很好的蜜蜂育种素材。

四、卡尼鄂拉蜂

（一）原产地与引入历史

1. 原产地

卡尼鄂拉蜂（卡蜂）原产于巴尔干半岛北部的多瑙河流域，从阿尔卑斯山脉到黑海之滨，都有其踪迹。自然分布于奥地利、匈牙利、罗马尼亚、保加利亚和希腊北部等地，其自然分布的东部界限不明显，有资料表明：土耳其西北部也有卡蜂分布。原产地气候、蜜源条件总的特点是：受大陆性气流影响，冬季严寒而漫长，春季短而花期早，夏季较炎热。在类似上述的生态条件下，卡蜂可表现出很好的经济性状。因此，很多原来没有卡蜂的国家，也纷纷引种饲养。例如德国已用卡蜂取代了本国原有的蜂种——欧洲黑蜂。近几十年来，它的分布范围已远远超出了原产地，成为继意大利蜂之后广泛分布于全世界的第二大蜂种。

卡蜂有若干个生态型（品系），如奥地利卡蜂（奥卡）、罗马尼亚卡蜂（喀尔巴阡蜂）。

6. 引入历史

1917 年日本人高海台岭，由日本携带 4 群卡尼鄂拉蜂至中国大连，在辽东建立蜂场饲养。在 20 世纪 20 ~ 40 年代向东北南部地区推广。

1930 年上海南华蜂业公司张引士东渡日本引进意大利蜂的同时，引进卡尼鄂拉蜂在江浙试养。

1948 年美国人 Hayes E. P. 从美国引进卡尼鄂拉蜂到福州试养。

1969 年 F. 卢特涅赠送给中国农业科学院蜜蜂研究所几只卡尼鄂拉蜂王。从 1971 年开始，江西省养蜂研究所（中国农业科学院蜜蜂研究所的前身）的科技人员采用输送卵虫的方法，在四川省崇庆县对其进行推广，至 1973 年春将该县原来饲养的种性已混杂、退化的数千群本地意蜂（本意）全部更换为卡意杂交种或卡蜂纯种，基本上实现了全县养蜂生产良种化，从而使该县蜂蜜产量提高了约 35%。这是中国首次使用卡尼鄂拉蜂进行的规模较大的养蜂生产。

1974 年 6～7 月农林部和外贸部由南斯拉夫引进卡尼鄂拉蜂王 150 只，由奥地利引进卡尼鄂拉蜂王 20 只，共 170 只，分配给了北京、黑龙江、吉林、辽宁、内蒙古、山东、河北、河南、江苏、浙江、福建、湖南、广东、广西、四川、云南、贵州、陕西、甘肃、宁夏、新疆等地。在江西省养蜂研究所的倡导下，各地有关蜂场引入卡尼鄂拉蜂王后，当年便纷纷用其培育处女王，与当地蜂场原有的雄蜂杂交，投入生产使用。很多地方还建立了种蜂场，对卡尼鄂拉蜂进行保存、繁育和推广应用。从此卡尼鄂拉蜂在中国养蜂生产中，特别是中国北方地区的养蜂生产中发挥着越来越重要的作用。

1986 年 P. 卢特涅赠送给中国养蜂学会 5 只卡尼鄂拉蜂王，分别保存于中国农业科学院蜜蜂研究所和吉林省养蜂科学研究所。

2000 年 6 月中国农业科学院蜜蜂研究所由德国引进卡尼鄂拉蜂王 20 只，保存于该所育种场，它们是人工选育的抗虫商品系，当年即开始向全国推广。

（二）品种特征和性能

1. 形态特征

卡尼鄂拉蜂为黑色蜂种，其个体大小和体形与意大利蜂相似。蜂王体呈黑色或深褐色，少数蜂王腹节背板上具棕色斑或棕红色环带（图4-15）；雄蜂体呈黑色或灰褐色（图4-16）；工蜂体呈黑色，有些工蜂第 2 ～ 3 腹节背板上具棕色斑，少数工蜂具棕红色环带，绒毛多为棕灰色（图4-17）。

图 4-15　卡尼鄂拉蜂蜂王　　图 4-16　卡尼鄂拉蜂雄蜂　　图 4-17　卡尼鄂拉蜂工蜂

2. 生物学特性

卡尼鄂拉蜂产育力不太强，育虫节律陡，气候、蜜源等自然条件对群势发展有明显的影响：早春外界一出现花粉就开始育虫，当外界蜜粉源丰富时，蜂王产卵增多，工蜂哺育积极，子脾面积扩大（图4-18）；夏季只有在气温低于35℃并有较充分的蜜粉源时，才能保持一定面积的育虫区，当气温超过35℃时，育虫面积便明显减少；晚秋育虫量和群势急剧下降，"秋衰"现象严重。分蜂性强，不易养成强群，一般能维持7 ～ 9张子脾、10 ～ 12框蜂的群势。采集力特别强，善于利用零星蜜粉源，但对花粉的采集量比意大利蜂少。节约饲料，在蜜源条件不良时，很少发生饥饿现象。性情较温驯，不怕光，开箱检查时较安静。定向力强，不易迷巢，盗性弱，

图 4-18　卡尼鄂拉蜂蜂脾（李建科　摄）

较少采集树胶。以弱群的形式越冬，在纬度较高的严寒地区越冬性能好。抗病力和抗螨力与意大利蜂相似，但在原产地几乎未发现过幼虫病，一些经过选育的品系有较强的抗螨力。蜜房封盖为干型。

3. 生产性能

卡尼鄂拉蜂的产蜜能力特别强，在中国东北地区的椴树花期，一个卡蜂强群最高可产蜂蜜 50 ~ 80 千克。产浆能力很低，在大流蜜期，每群 72 小时只产王浆 20 ~ 30 克，但其 10-HDA 含量很高，超过 2.0%。可用其进行蜂花粉生产，年均群产蜂花粉 2 ~ 3 千克。因其蜜房封盖为干型（白色），故宜用其进行巢蜜生产。

卡尼鄂拉蜂可利用的蜜粉源植物较多，有椴树、玉米、山荆子等。此外，卡蜂还可用于为果树和大棚内蔬菜、瓜果授粉。

（三）推广利用情况

自 20 世纪 70 年代以来，中国曾多次由国外引进卡尼鄂拉蜂王。卡尼鄂拉蜂因其采集力强、产蜜量高、越冬性能良好、性情温驯、便于饲养管理，深受以蜂蜜生产为主的北方地区蜂场的欢迎，推广极其迅速，广泛用于蜂蜜生产，其纯种及其杂交种占中国西方蜜蜂总数的 20% ~ 30%。

中国农业科学院蜜蜂研究所、吉林省养蜂科学研究所、辽宁省蜜蜂原种场、山东省试验种蜂场、河北省承德市蜜蜂原种场、江西省种蜂场等单位保存有卡尼鄂拉蜂纯种，他们每年都培育纯种卡尼鄂拉蜂蜂王供应全国各地蜂农，尤其是供应以生产蜂蜜为主的北方地区的蜂农，对中国养蜂业的可持续发展起到了积极作用。至 2008 年全国约有卡尼鄂拉蜂及其杂交种蜜蜂 800 000 群。

（四）品种评价

卡尼鄂拉蜂是世界四大名种蜜蜂之一，适合除华南以外的中国各地蜂场饲养，尤其适合北方地区（华北、东北和西北）蜂场饲养。自 20 世纪 70 年代以来，卡尼鄂拉蜂已成为中国养蜂生产中继意大利蜂之后的第二个当家品种，在养蜂生产中发挥着重要作用。

卡尼鄂拉蜂以其优秀的采集能力和抗寒能力而深受养蜂者的欢迎，它不但是蜂蜜高产型蜂种，也是很好的蜜蜂育种素材。

五、高加索蜂

（一）原产地与引入历史

1. 原产地

高加索蜂原产于高加索和外高加索山区。原产地气候温和，冬季不太寒冷，春季蜜源植物丰富，夏季较热，无霜期较长。分布于格鲁吉亚、阿塞拜疆和亚美尼亚等地，土耳其的东北部也有其踪迹。

2. 引入品种

据东北地区文献记载，19 世纪末至 20 世纪 30 年代，高加索蜂自俄罗斯远东多次引入中国东北地区，饲养在东北的东部、北部和西部地区，后来在饲养中与黑蜂、意蜂杂交。

1974 年 5 ~ 6 月中国由加拿大引进高加索蜂王 50 只，分配给黑龙江、吉林、河北、陕西、新疆等 5 个省、自治区。有关单位和蜂场引入高加索蜂蜂王后，当年就用其培育处女王，与当地蜂场原有的雄蜂杂交，投入生产使用。由于缺乏有效的保种措施，各地都没有保存其纯种后代。

1975 年由苏联引进高加索蜂王 5 只，保存于黑龙江省林口县蜜蜂原种场，后转至黑龙江省牡丹江市蜜蜂原种场。20 世纪 80 年代，该场曾对其进行了繁育和推广应用。

2000 年 6 月中国农业科学院蜜蜂研究所由格鲁吉亚引进高加索蜂王 50 只，存活了 27 只，分别保存于北京、吉林、河南等地。

（二）品种特征和性能

1. 形态特征

高加索蜂为黑色蜂种，其个体大小、体形等基本上与卡尼鄂拉蜂相似。蜂王腹部背板有黑色和褐色环节两种，绒毛灰色（图 4-19）；雄蜂胸部绒毛为黑色，腹部背板黑色，个体粗壮（图 4-20）；工蜂体呈黑色，第 1 腹节背板上通常具棕色斑，少数工蜂第 2 腹节背板具棕红色环带，其绒毛多呈深灰色（图 4-21）。吻长 6.93 毫米 ±0.13 毫米，第 3、第 4 背板总长 4.65

毫米 ±0.14 毫米，肘脉指数为 2.06 ± 0.21。

图 4-19 高加索蜂蜂王

图 4-20 高加索蜂雄蜂

图 4-21 高加索蜂工蜂

2. 生物学特性

高加索蜂产育力强，育虫节律平缓，气候、蜜源等自然条件对群势发展的影响不大。春季群势发展缓慢，在炎热的夏季仍可保持较大面积的育虫区，子脾密实度达 90% 以上（图 4-22），秋季对外界条件变化敏感度低，断子晚，工蜂活动频繁，容易秋衰。分蜂性弱，能维持较大的群势。采集力强，善于采集深花冠蜜源植物，既能利用大宗蜜源，也能利用零散蜜源。善于采集树胶，采集树胶的能力强于其他任何品种的蜜蜂。泌浆能力与卡尼鄂拉蜂相似，花粉的采集量低于意大利蜂。造脾能力较强，爱造赘脾。性情较温驯，不怕光，开箱检查时较安静。定向力差，易迷巢，盗性强，耐寒能力较强，越冬性能优于意大利蜜蜂，但低于卡尼鄂拉蜂。抗病力和抗螨力与意大利蜂相似，易感染微孢子虫病，易发生甘露蜜中毒。蜜房封盖为湿型。

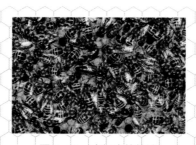
图 4-22 高加索蜂蜂脾

3. 生产性能

高加索蜂的产蜜能力很强，同等群势情况下产蜜能力高于意大利蜂，在我国东北地区的椴树花期，正常年份 5 框蜂的群势，群产蜂蜜 60 ～ 100 千克。产浆能力低，群年均产王浆 0.5 ～ 1.0 千克，但其 10–HDA 含量超过 2.0%。可用其进行蜂花粉生产，年均群产蜂花粉 2 ～ 4 千克。因其极爱采集树胶，是进行蜂胶生产的首选蜂种。高加索蜂可利用的蜜源植物有椴树、槐树、荆条、蒲公英等。此外，高加索蜂还可用于为果树和大棚内的蔬菜、瓜果授粉。高加索蜂和意大利蜂、卡尼鄂拉蜂、喀尔巴阡蜂等杂交后，可表现出较强的杂种优势。

（三）推广利用情况

自 20 世纪 70 年代以来，中国曾从国外引进多批高加索蜂蜂王。目前，中国农业科学院蜜蜂研究所、吉林省养蜂科学研究所、黑龙江省牡丹江蜜蜂原种场等单位保存有高加索蜂纯种，它们每年都培育纯种高加索蜂王供应全国各地蜂农。

多年来，养蜂生产者对高加索蜂王的需求量不大，其推广应用的范围较小，未形成规模，相比之下，高加索蜂在中国养蜂生产中的作用没有意大利蜂和卡尼鄂拉蜂那样大。至 2008 年全国约有高加索蜂及其杂交种蜜蜂 70 000 群。

（四）品种评价

高加索蜂是世界四大名种蜜蜂之一。据资料介绍，它是蜂蜜高产型蜂种，而且极爱采集树胶，且杂交以后产蜜能力和采胶能力明显提高，应加强对其生物学特性的研究和开发利用，使其在养蜂生产中发挥应有的作用。

六、安纳托利亚蜂

（一）原产地与引入历史

1. 原产地

安纳托利亚蜂原产于土耳其中部安纳托利亚高原。原产地属亚热带地中海型气候，海拔 800 ~ 1 000 米，年降水量 180 ~ 300 毫米。蜜源植物丰富，主要蜜源植物为牧草和野花，花期 4 ~ 8 月。安纳托利亚高原中部、东南部和东部，还种有大面积果树、棉花、向日葵、芝麻和油菜，全年花期长达 5 ~ 6 个月。但夏季炎热干燥，蜜源贫乏。

2. 引入历史

自 20 世纪 70 年代至 2000 年中国分别引进过 2 批安纳托利亚蜂王。1975 年 6 月农林部由土耳其引进安纳托利亚蜂蜂王 30 只，1976 年开始向全国推广。2000 年 6 月中国农业科学院蜜蜂研究所由土耳其引进安纳托利亚蜂王 20 只，保存于该所育种场及吉林省蜜蜂育种场，当年即开始向全国推广。

（二）品种特征和性能

1. 形态特征

安纳托利亚蜂为黑色蜂种，其个体大小及体形与塞浦路斯蜂相似。蜂王有两种类型：一种为黑色，另一种腹节的前几节为暗橙黄色，后几节为黑色（图4-23）；雄蜂为黑色（图4-24）；工蜂体呈灰褐色（图4-25），有些工蜂第2、第3腹节背板上具棕色斑，绒毛呈灰色，其吻长平均为6.3毫米，前翅长平均为9.27毫米，肘脉指数平均为2.06。

图4-23　安纳托利亚蜂　　图4-24　安纳托利亚蜂　　图4-25　安纳托利亚蜂
　　　　蜂王　　　　　　　　　　　　雄蜂　　　　　　　　　　　　工蜂

2. 生物学特性

安纳托利亚蜂蜂王产卵力强，育虫节律随气候和蜜源的变化而变化，春季发展缓慢，夏季能维持强群。繁殖力强，但不哺育过多幼虫，子脾密实度为90%以上（图4-26）。分蜂性较弱，可养成较大的群势，一般能维持8～10张子脾、12～14框蜂的群势。在蜜源缺乏时非常节约饲料，本地意蜂需要进行补充饲喂，而安纳托利亚蜂采集到的蜜却自给有余，

图4-26　安纳托利亚蜂蜂脾

采集力强，善于利用零星蜜粉源。在大流蜜期其采集力约比本地意蜂高20%；与意蜂杂交后采集力更强。定向力强，不易迷巢，防盗性能好。不爱分蜂，工蜂寿命长。爱造赘脾，爱采树胶，性情凶猛，怕光，开箱检查时爱蜇人。抗幼虫病能力强，但易感染麻痹病和孢子虫病。该蜂种是很好的育种素材，与意蜂、卡蜂杂交后可获高产杂交后代。

3. 生产性能

安纳托利亚蜂产蜜能力强，在我国东北地区的椴树花期，一个安纳托利亚蜂强群最高可产蜂蜜 50 ~ 70 千克。产浆能力很低，在大流蜜期，每群每 72 小时只产王浆 20 ~ 30 克，但其 10-HDA 含量可高达 2.0%。采胶能力强，年均群产蜂胶 100 克左右。可进行蜂花粉生产，年均群产蜂花粉 2 ~ 3 千克。可利用的蜜源植物有皂角、忍冬藤、益母草、三叶草、油菜、洋槐、乌桕、荆条、荞麦等。

（三）推广利用情况

1975 年从土耳其引进安纳托利亚蜂蜂王后，当时的江西省养蜂研究所（现中国农业科学院蜜蜂研究所）便立即对其进行观察试养，并开始在河北、湖北等地饲养。1976 年科研人员将安纳托利亚蜂（安）与意大利蜂（意）、卡尼鄂拉蜂（卡）连同湖北当地的"本地意蜂"（本）一起作为育种素材，配制成一组可轮回配套换种的单交组合"意 × 本"–"安 × 意"–"本 × 安"，一共配组了 30 个杂交组合，其中安蜂血统的有 16 个，占总体的 1/2，在这些具有安蜂血统的杂交组合中，包括：以安蜂为母本的单交种；以安蜂为父本的单交种，三交种，以及其他单交种、双交种、三交种和 F_2 代、F_3

代等。在湖北推广应用后，取得了令人满意的增产效果。在20世纪70年代，科研人员还培育了含有安蜂血统的三交组合"安·意×本"、双交组合"卡·本×安·意"和"安·意×卡·本"，在长江中下游流域的一些地区推广应用。

吉林省养蜂科学研究所、山东省试验种蜂场、河北省承德市蜜蜂原种场等单位保存有安纳托利亚蜂纯种，并培育纯种安蜂王供应全国各地蜂农，尤其是供应以蜂蜜生产为主的北方地区的蜂农，其应用面积较大。至2008年全国约有安纳托利亚蜂及其杂交种蜜蜂80 000群。

（四）品种评价

安纳托利亚蜂产育力强，工蜂寿命长，采集力强，善于利用零星蜜粉源，节约饲料，爱采树胶，不但可用于生产蜂蜜，也可用于生产蜂胶。安纳托利亚蜂爱蜇人、易患麻痹病和微孢子虫病等缺点，但是抗幼虫病能力强，可以通过选育加以改良。安纳托利亚蜂是很好的蜜蜂育种素材。

七、喀尔巴阡蜂

（一）原产地与引入历史

1. 原产地

喀尔巴阡蜂原产于罗马尼亚，乌克兰西部的喀尔巴阡山区也有分布。罗马尼亚境内平原、山地、高原各占1/3，喀尔巴阡山脉呈弧形盘踞中部，多瑙河下游流经南部。全境属温和的大陆性气候，其气候特点是年降水量少，温度变化剧烈并有强烈的气流。蜜源植物种类繁多，主要有刺槐、椴树、向日葵、紫穗槐、老瓜头等，以及生产甘露蜜的森林蜜源植物。在类似的自然条件下，喀尔巴阡蜂可表现出很好的经济性状。

2. 引入历史

1978 年农林部由罗马尼亚引进喀尔巴阡蜂蜂王，交由辽宁省大连华侨果树农场养蜂队饲养，1979 年转至吉林省养蜂科学研究所繁育保存至今；2003 年罗马尼亚赠送给吉林省养蜂科学研究所 20 只喀尔巴阡蜂王。目前，吉林省养蜂科学研究所已繁育保存 60 多群纯种喀尔巴阡蜂。

（二）品种特征和性能

1. 形态特征

喀尔巴阡蜂为黑色蜂种，其体色和个体大小与卡尼鄂拉蜂相似，但腹部较卡尼鄂拉蜂细。蜂王为黑色或深褐色，少数蜂王腹节背板上具棕色斑或棕红色环带（图 4-27）；雄蜂为黑色或灰褐色（图 4-28）；工蜂为黑色，覆毛短，绒毛带宽而密，有些工蜂第 2 ~ 3 腹节背板上具棕色斑，少数工蜂具棕红色环带（图 4-29）。

图 4-27 喀尔巴阡蜂蜂王　　图 4-28 喀尔巴阡蜂雄蜂　　图 4-29 喀尔巴阡蜂工蜂

2. 生物学特性

喀尔巴阡蜂比卡尼鄂拉蜂更温驯，更节约饲料，越冬性能更强。

蜂王产卵力强，产卵整齐，子脾面积大，子脾密实度高达92%以上（图4-30），子脾数达8～11框，群势达12～14框时也不发生分蜂热。育虫节律陡，对外界气候、蜜粉源条件反应敏感，外界蜜源丰富时，蜂王产卵旺盛，工蜂哺育积极；蜜源较差时蜂王产卵速度下降，不哺育过多幼虫。蜂王喜欢在新脾上产卵，秋季胡枝子蜜源后期，在新脾上新培育的蜂儿也能安全羽化出房，子脾成蜂率达95%以上，高于其他蜂种。采集力特别强，善于利用零星蜜粉源。节约饲料，在蜜源条件不良时很少发生饥饿现象。性情较温驯，不怕光，开箱检查时较安静，但流蜜期较暴躁。定向力强，不易迷巢，盗性弱。以弱群的形式越冬，在纬度较高的严寒地区越冬性能良好，越冬蜂死亡率低于15%。抗蜂螨能力强于其他西方蜜蜂品种。喀尔巴阡蜂不耐热，蜂群失王后容易出现工蜂产卵现象。

图4-30 喀尔巴阡蜂蜂脾

3. 生产性能

喀尔巴阡蜂的产蜜能力特别强，在中国东北地区的椴树花期，一个喀尔巴阡蜂强群最高可产蜂蜜50～80千克。产浆能力低，在大流蜜期，每群72小时产蜂王浆25～30克，但其王浆中10-HDA含量很高，超过2.0%。可进行蜂花粉生产，年群产蜂花粉2～3千克。泌蜡造脾能力强。其蜜房封盖为干型（白色），适于进行巢蜜生产。此外，喀尔巴阡蜂还可用于为果树及大棚内蔬菜和瓜果授粉。

（三）推广利用情况

据吉林省养蜂科学研究所统计资料，截至 2005 年该机构向全国累计推广喀尔巴阡蜂种蜂王 9 000 多只，改良蜜蜂超过 100 万群。至 2008 年在全国养蜂主产区约有喀尔巴阡蜂及其杂交种蜜蜂 400 000 群。

（四）品种评价

喀尔巴阡蜂不但对大宗蜜源的采集力强，且善于利用零星蜜粉源，饲料消耗少，抗病力和抗逆性强，是城市养蜂的首选蜂种；其造脾能力强，是选育蜂蜡高产蜂种的优良素材。利用喀尔巴阡蜂杂交，配合力较强，能产生较好的杂种优势。但喀尔巴阡蜂不耐热，流蜜期性情较暴躁，育王、泌浆时对外界条件敏感，蜂群失王后易出现工蜂产卵现象。这些缺点，若采用科学的饲养管理措施可以控制。

喀尔巴阡蜂既是蜂蜜高产型蜂种，也是为果树、蔬菜、农作物授粉和城市养蜂的好蜂种，可广泛应用于中国北方地区。

八、塞浦路斯蜂

（一）原产地与引入历史

1. 原产地

塞浦路斯蜂原产于地中海岛国塞浦路斯。原产地属典型的地中海气候，冬季温和湿润，夏季炎热干燥。

2. 引入历史

1974年6月农林部和外贸部由塞浦路斯引进塞浦路斯蜂蜂王共40只，成活35只，分配给黑龙江、四川和江西等地。

（二）品种特征和性能

1. 形态特征

塞浦路斯蜂为黄色蜂种，体形与意大利蜂相似，个体略小于意大利蜂。蜂王腹部为浅黄色，每一腹节背板后缘都有1条细的新月形黑环。雄蜂为黄色，与意大利蜂雄蜂体色相似。工蜂腹部前3节腹节背板呈明显的橙黄色，其上各有1条窄的黑环，并逐渐加宽，第1节最窄，第3节最宽；后3节背板是黑色的（第4、第5节背板接近腹板的地方是橙黄色）；除最后2节腹节腹板外，前4节腹节腹板通常也呈明显的橙黄色，没有任何黑色斑点，这是塞浦路斯蜂最明显的特征，绒毛为浅黄色。

2. 生物学特性

塞浦路斯蜂产育力强，卵圈集中，子脾密实度达90%以上。育虫节律平缓，群势发展平稳。工蜂寿命长，分蜂性弱，易养成强群，越冬安全。采集力强，特别善于利用零星蜜粉源。爱采树胶。泌蜡造脾能力强，很少造赘脾。性情凶猛，攻击性极强，极爱蜇人、畜，开箱检查困难，应做好防护。

3. 生产性能

塞浦路斯蜂采蜜能力、采粉能力、采胶能力都很强。

（三）推广利用情况

中国只在 1974 年引进过塞浦路斯蜂，主要由江西省养蜂研究所负责保种，在北京房山建立了一个蜜蜂原种场，对其进行试养、观察和保存。但因塞浦路斯蜂极爱蜇人，极难对其进行饲养管理，几乎没有进行推广；加之难于控制其蜂王自然交尾，且当时蜂王人工授精技术未达到应用水平，故 2 年后蜂群被混杂，最后被淘汰。现在，中国养蜂生产中已不存在塞浦路斯蜂血统。

（四）品种评价

虽然塞浦路斯蜂极爱蜇人，极难对其进行饲养管理，但却有很多优点：产育力强、工蜂寿命长、分蜂性很弱，采蜜、采粉、利用零星蜜粉源和采胶能力都很强，因此是一个很好的蜜蜂育种素材。

专题五
其他遗传资源

蜜蜂是主要的授粉昆虫，在农作物授粉中蜜蜂占有相当大的比重，起主导作用。然而，由于在形态结构、生理特点等方面的差异，蜜蜂对苜蓿、番茄等植物的授粉效果远不如切叶蜂、熊蜂，蜜蜂为油茶授粉甚至会出现中毒的现象等。因此，发现并利用新的授粉蜂种为某些特殊的作物授粉已经引起大家的广泛兴趣。目前发现切叶蜂为苜蓿授粉上表现出色，熊蜂为茄科作物授粉效果显著，大蜜蜂为砂仁授粉效果特别明显，小蜜蜂是胡萝卜的主要授粉昆虫，而壁蜂是多种落叶果树的优良授粉昆虫。但上述授粉蜂种大多还处于野生状态，要实现它们的人工驯养和工厂化繁育还有很长的路要走。

一、大蜜蜂

大蜜蜂是蜜蜂属体大的一种，单脾成排，俗称排蜂。大蜜蜂不仅是印度和一些东南亚国家的主要产蜜昆虫，而且还是热带地区植被和农作物的重要授粉昆虫。中国的大蜜蜂分布于云南南部、广西南部、海南和台湾等地。

（一）品种特征和性能

1. 形态特征

大蜜蜂工蜂体长 16 ~ 18 毫米，头、胸、足及腹部端部三节为黑色，翅呈黑褐色，具紫色光泽，前缘室及亚前缘室最深，后翅稍浅。身体密被短毛，头、颜面毛稀而短，呈灰白色，颅顶、中胸背板及胸侧板被密而长的黑褐色至黑色毛，小盾片及胸腹节密被黄色长毛；足被黑色毛，前足各节外侧毛呈黄色，较长，中足及后足基跗节内侧被金黄褐色毛，腹部第 1 ~ 2 节背板橘黄色，其余褐黄色，第 2 ~ 5 节背板基部各有一条明显的银白色绒毛带。海南的大蜜蜂工蜂体色较云南的大蜜蜂工蜂浅，肘脉指数云南的大蜜蜂为 9.57 ± 1.37，海南的大蜜蜂为 9.32 ± 1.31。

雄蜂体长 16 ~ 17 毫米，复眼大，顶端相接，呈褐色，腹部为黑色，胸腹节，腹部第 1 ~ 6 节背板大部分、中足及后足均为红褐色，前足为黑褐色，体毛为浅黄至黄色，复眼密被短的黄毛，唇基被黑毛，单眼周围、颊、前足腿节外侧、胸部及腹部第 1 ~ 2 节背板及腹板被黄色长绒毛。

2. 生物学特性

大蜜蜂常将巢筑在悬岩下或高大阔叶树的横干下（图 5-1），筑造单一巢脾繁衍生息，蜂巢离地常达数十米，有时数群甚至数十群相邻聚居，形成声势浩大的群落，增强对敌害的威慑力。大蜜蜂育虫或降温需有不断的水分供应，因此营巢所在必须邻近水源。巢脾长 0.5 ~ 1.0 米，宽 0.3 ~ 0.7 米。2009 年广西扶绥县东门镇的群众曾在边远山区发现一个长约 1.5 米、宽约 1 米的超级大蜂巢。巢脾中、下部为繁殖区，子脾可拥有 7 万个巢房，厚 35 毫米，上部和两侧为蜜粉区，厚度可达 100 毫米。王台处于巢脾下沿。雄蜂房和工蜂房无区别。雄蜂和工蜂的数量比例，在分蜂季节可达 1 ：3。

受蜜源植物状况和气候变化的影响，大蜜蜂会迁飞，但大蜜蜂的迁徙只是一种适应环境的行为，并不是一种必然的习性。在云南南部，春季多在低海拔的坝区营巢繁殖，夏天和雨季有的迁至密林深处，秋冬在低海拔河谷地带越冬。在蜜源好、气候温暖的生态环境里，也有定居数年而不迁飞的。

图 5-1 筑于树干上的大蜜蜂蜂巢

大蜜蜂的日间活动随气温而变化，在炎热的夏天，早上 6 点就可见大蜜蜂在花上采蜜，至中午 11 点半逐渐减少。下午 7 点仍可见其在外界进行采集活动。大蜜蜂警觉性高、进攻性强、爱蜇人。已发现大蜜蜂群中有小蜂螨、大蜂螨寄生。

（二）经济价值和利用情况

大蜜蜂个体大、吻长，据不完全统计，采访植物达 48 种，是砂仁等热带经济作物的理想授粉昆虫。大蜜蜂每群每年可猎取蜂蜜 30 ~ 40 千克，并可收获较多的蜂蜡。我国尚未对大蜜蜂进行人工饲养。

二、小蜜蜂

小蜜蜂为蜜蜂属的一个种，别名小草蜂。在中国，小蜜蜂主要分布于云南北纬 26° 40′ 以南的广大地区，以及广西南部的龙州、百色、上思等。国外分布于巴基斯坦、印度、斯里兰卡、泰国、马来西亚、印度尼西亚的部分地区。后经阿拉伯半岛进入非洲，群势繁殖力强，能很好地适应当地干热的气候条件。

（一）品种特征和性能

1. 形态特征

小蜜蜂个体小，三型蜂分化明显。体长：工蜂 7 ~ 8 毫米，蜂王 13 ~ 15 毫米，雄蜂 11 ~ 13 毫米。

蜂王腹部第 1 ~ 2 节背板基半部及第 3 ~ 5 节背板端缘均为红褐色，其余为黑色。颚眼距宽度与长度几乎相等；后单眼距与复眼距之比为 9：5，触角第 3 节稍长于第 4 节，第 4 ~ 9 节各节的长与宽相等。

雄蜂后足胫节内侧的叶状突较长，超过胫节全长的2/3。

工蜂体体黑色，上颚顶端红褐色，腹部第1～2节背板呈红褐色，头略宽于胸；体毛短而少。颅顶被黑褐色毛，颜面及头部下表面被灰白色毛，胸部被灰黄色短毛，后足胫节及基跗节背面两侧被白毛，腹部各节背板被黑褐色短毛，第3～5节背板基部具白色绒毛带，腹部腹面被细而长的灰白色毛。头宽稍大于长，头稍宽于胸，唇基刻点细密，刻点间距为刻点直径的0.5～1.5倍，颜面刻点极细密，颅顶刻点稍稀，刻点间距为刻点直径的1～2倍，颚眼距长明显小于宽，两后单眼间的距离大于后单眼至复眼的距离。中胸背板及小盾片刻点深且密，小盾片端缘中央微凹。腹部各背板刻点极细密。螯针和中针上的逆齿较稀。平均吻长2.8毫米，前翅长6.6毫米，肘脉指数3.6。

2. 生物学特性

小蜜蜂一般栖息在海拔1900米以下，年平均温度在15～22℃的地区。在次生灌木枝条或杂草丛中营造露天单一巢脾（图5-2），宽15～35厘米、高15～27厘米、厚16～19毫米，上部形成一近半球状的巢顶，将树枝包于其中，为储蜜区，中下部为育虫区。三型蜂的巢房分化明显，护脾力和抗逆性都较强。气温变化可引起筑巢位置的改变，暑期临近时，在树荫深处或洞内筑巢；气温较低时，移至树的南侧或洞口筑巢。小蜜蜂受季节变化、蜜源条件影响，由平原到山区往返迁徙。小蜜蜂护脾力强，常有3层以上工蜂爬覆在巢脾上，当暴风雨袭击时，结成紧密的蜂团保护巢脾。蜜源丰富时，性情温驯，蜜源枯竭时，性凶猛。受蜡螟、蚂蚁等侵扰时，常弃巢飞逃。研究还发现，小蜜蜂具有清理病死蜂蛹的卫生行为，而且比西方蜜蜂具有更好的学习记忆能力。

图5-2　小蜜蜂的蜂巢

（二）经济价值和利用情况

小蜜蜂是一种优良的植物传粉昆虫，据不完全统计，小蜜蜂可采集瓜类、豆类、蔷薇科、唇形科、大戟科、芭蕉科等24科134种植物。其个体小，采集时能深入花管，尤其对小花植物贡献较大，是砂仁、瓜果和蔬菜等较理想的授粉昆虫。每年可猎取蜂蜜2～3次（图5-3），每次1～2千克，有很好的经济价值。维生素B_6在小蜜蜂蜂蜜中的含量极高，有特殊的营养价值。目前，中国尚未对小蜜蜂进行人工饲养。

图5-3　小蜜蜂的蜜脾

三、黑大蜜蜂

　　黑大蜜蜂是蜜蜂属中体黑且大的一种，而且是最大的一种。由于主产区在喜马拉雅周围的雪山下，岩栖，故俗名又称为喜马拉雅蜜蜂、雪山蜜蜂及岩蜂等。分布于喜马拉雅山脉、横断山脉地区和怒江、澜沧江流域，包括中国西藏南部、云南西部和南部，以及尼泊尔、不丹、印度东北部等地。

（一）品种特征和性能

1. 形态特征

　　工蜂体长 17 ~ 20 毫米，体黑色，细长，触角窝间被一撮白毛；颊、颅顶密被黄色毛；中胸背板、胸侧、腹部第 1 节背板缘及第 2 节背板基缘毛密且短，呈深褐色；足被褐黄色毛，中足基跗节腹面毛最密，腹部呈黑褐色，第 1 ~ 5 节背板基部被极密的白色毛带，第 6 节背板被黑色毛。腹部第 2 ~ 5 节背板基部各有一条明显的银白色绒毛带。前翅烟褐色。平均吻长 6.6 毫米，前翅长 13.3 毫米，肘脉指数 15.8。

　　雄蜂体长 16 ~ 17 毫米；复眼大，顶端相接，呈褐色；胸部及腹部均为黑色，足呈黑色；体毛呈黄褐色；复眼密被短黄毛；唇基及单眼周围均被黑毛；颊、前足腿节外侧、胸侧及腹侧第一背板、腹部背板均被黄褐色长毛。

　　黑色大蜜蜂为野生蜂种，生长于海拔 1 000 ~ 3 600 米高的岩隙中，营单一巢脾，常筑巢于悬崖上，最高离地面可达 100 多米，最低也有十几米。黑色大蜜蜂有随季节迁徙筑巢的习性，其三型蜂的巢房分化不明显，巢脾竖直方向与地面垂直，横向的一面与悬崖壁平行并留有一定的空隙，另一面完全暴露于空中。巢脾的长和宽常在60～90厘米，最大的可达1米以上。黑色大蜜蜂的巢多附着在一块突出的崖石下面，背风，以防止刮风下雨。黑色大蜜蜂的护脾能力强，从暴露的一面观察到，扇风带有节律，常常能看到护在脾上的蜂由上而下有节律性地波动，一个波峰接着一个波峰地由后向前推进，以调节蜂巢内的温度和湿度。当人在十几米外的地方对它稍有惊动时，它就会立刻发起攻击。在刮风下雨天，护在脾上的蜂会由下而上有节律地移动，集中于巢脾中上部，多数蜂附在崖壁上，下部露出5～10厘米的巢脾，形成一个三角锥，以抵制风吹落巢脾，刮风下雨过后，蜂又会护满整个巢脾。蜜脾比子脾要厚出3～8厘米，保持巢脾的重心在上部，以适应外界环境的变化（如刮风下雨等）。

2. 生物学特性

黑大蜜蜂常栖息在海拔1 000～4 000米的悬崖岩石上，营单一巢脾，最高离地面可达100多米，最低也有十几米，巢脾长0.8～1.5米、宽0.5～0.95米、厚10厘米左右，上部一侧为储蜜区，中下部为哺育后代区。常数群乃至20余群形成群落，两群之间最近距离只有1米左右，在外界大流蜜时，各自出巢采集储存食物，采集蜂归来时也不会飞错蜂巢，即使外界缺蜜时，蜂群之间也不会产生盗蜂。

有随季节迁飞的习性，冬季迁至河谷海拔较低的温暖地带，夏季迁往高山凉爽地带。黑色大蜜蜂的护脾能力强，扇风有节律。攻击性强，爱蛰人。对胡蜂等敌害的抵抗能力很强。

（二）经济价值和利用情况

黑大蜜蜂是喜马拉雅昆虫区系的代表物种之一，对高山环境有很强的适应性，当气温在 12℃以上时，便可见其在花上采蜜。据观察，黑大蜜蜂采访植物达 52 种，主要采集杜鹃科植物，还采集忍冬科、蔷薇科、菊科、豆科、唇形科等植物。一群黑大蜜蜂一年可猎取蜂蜜 20 ～ 40 千克和一批蜂蜡。中国尚未对其进行驯养。

四、黑小蜜蜂

黑小蜜蜂为蜜蜂属的一个种，别名小排蜂。在中国主要分布于云南省西双版纳傣族自治州景洪、勐腊及临沧等地的沧源、耿马北回归线以南的北热带地区；国外分布于南亚及东南亚等地，为热带经济作物的重要传粉昆虫。

（一）品种特征和性能

1. 形态特征

黑小蜜蜂个体小，体长工蜂 7 ～ 8 毫米，蜂王 12 ～ 14 毫米，雄蜂 10 ～ 11 毫米。

蜂王体长 12 ～ 14 毫米，体呈黑色，腹部第 1 节背板端缘及第 2 ～ 3 节基部红褐色；触角第 1 鞭节长于第 2 节；中、侧盾沟明显，刻点细密；腹部背板刻点极细密。触角黑色；中胸背板黑色；足黑色；翅脉及翅中部暗黑色；腹部第 1 节背板端缘及第 2 ～ 3 节背板基部红褐色。体毛稀而短；颜面、触角窝间密被白色短毛；颅顶及颊被稀而长的毛；唇基及颅顶均被褐黄色毛；胸部被短黄毛；足被黑褐色毛。

工蜂体长 8 ~ 9 毫米，体呈栗黑色，个别第 1 腹节背板端缘及第 2 节腹节背板基部呈红褐色。上颚基部黑色，顶端褐黄色；口器黄色；触角及中胸背板黑色；小盾片红褐色；腹部栗黑色。体毛稀少；颜面、触角窝间密被白色短毛；唇基及颅顶被褐黄色毛；颅顶后缘及颊毛稀且长；中胸背板被稀褐黄色毛；并胸腹节被白色短毛；后足胫节及基跗节背面两侧被黑毛，前足基跗节毛密且长；腹部第 3 ~ 5 节背板基部被白色毛带，第 3 节毛带较宽。吻长 2.4 毫米，前翅长 6.1 毫米，肘脉指数 5.6。

雄蜂体长 10 ~ 11 毫米，体呈黑色，颚眼距长，最窄处等于触角的第 2 鞭节长。触角第 3 ~ 11 节呈黄褐色，腹部第 4 ~ 5 节背板点刻深且密。后足胫节内侧的叶状突起较短，约为胫节长的一半。触角第 1 鞭节至第 9 鞭节黄褐色。

2. 生物学特性

黑小蜜蜂生活在海拔 1 000 米以下的热带地区，多在稀疏的草坡小乔木上露天筑巢，巢脾单一，离地面 2.5 ~ 3.5 米，近圆形，固定在树枝上。巢脾上部肥厚，将树枝包裹其中，为储蜜区；中部为储粉区；下部为繁殖区，供蜂王产卵繁育后代。三型蜂巢房分化明显。黑小蜜蜂护脾性强，工蜂常互相攀缘重叠、结成蜂团，保护巢脾。性凶猛，爱蜇人。对温度很敏感，气温升至 15℃ 时开始活动，20℃ 以上时出勤积极，出勤高峰期在上午 11 点至下午 5 点。

（二）经济价值和利用情况

黑小蜜蜂体小、灵活，是砂仁等热带经济作物的重要传粉昆虫。在野外，每群蜂每次可猎取蜂蜜 0.5 ~ 1 千克，每年可采收 2 ~ 3 次。国内尚未对其进行人工驯养。

五、熊蜂

熊蜂俗名丸花蜂，该属昆虫通称熊蜂。全世界已知有 300 余种，除南极洲外，各洲都有分布。广泛分布于寒带、温带，其中温带地区较多。中国的熊蜂不少于 150 种，分布极广。在新疆和东北地区，熊蜂种类极为丰富，在青海、西藏以及四川和云南的西北部山区，熊蜂种类亦丰，但中国南方和西南方的平原上熊蜂很少。

（一）品种特征和性能

1. 形态特征

熊蜂因为体态似熊而得名，外形近似蜜蜂，但体型粗壮，多毛，多为黑色，并带黄或橙色宽带。体表密被黑色、黄色或白色、橘红色等各色相间的长软毛，体色鲜艳。口器发达，中唇舌较长，吻较长，多在 9 ~ 17 毫米，也有吻较短的个体。胸部密被长而整齐的毛。前翅具 3 个亚缘室，第 1 室被一条伪脉斜割，翅痣小。雌性蜂后足胫节宽，表面光滑，端部周围被长毛，形成花粉筐；后足基跗节宽而扁，内表面具整齐排列的毛刷。腹部宽圆，密被长而整齐的毛。雄性外生殖器强几丁质化，生殖节及生殖刺突均呈暗褐色。雌性蜂腹部第 4 与第 5 腹板之间有蜡腺，其分泌的蜡是熊蜂筑巢的重要材料。

2. 生物学特性

熊蜂是一种多食性的半社会性昆虫，其进化程度处于从独居蜂到半社会性蜜蜂的中间阶段。熊蜂常喜欢在地下筑巢，或找废弃鸟巢鼠洞栖身，筑巢习性因品种有所不同。巢室由熊蜂蜡腺分泌的蜡片筑成，巢室由十几个到上百个不等，排列不整、大小不一。巢房中放置有采集回来的花粉团，雌蜂在花粉团上产下几枚至数十粒卵，卵孵化后幼虫就以花粉为食。

熊蜂同样分为蜂王、雄蜂和工蜂三型蜂。大多数种类1年1代，1个蜂群只有1个蜂王。以蜂王越冬。春暖花开时，越冬的蜂王开始外出活动，寻找建筑蜂房的地点，采粉、繁殖等。工蜂羽化以后，立即清理巢房、储备蜂粮、调节巢房温度以及与蜂王共同照料子蜂。熊蜂出现较晚，专司交配，交配后几天即死亡。熊蜂蜂群通常由几十只到数百只蜂组成（图5-4）。

图5-4　人工饲养的熊蜂

熊蜂个体大，寿命长，浑身绒毛，有较长的吻，对一些深管花朵植物的授粉特别有效，是多种植物特别是豆科、茄科植物的重要授粉者。熊蜂具有旺盛的采集力，能抵抗恶劣的环境，对低温、低光密度适应力强，在蜜蜂不出巢的阴冷天气，熊蜂可以继续在田间采集。熊蜂不像蜜蜂那样具有灵敏的信息交流系统，它能专心地在温室内作物上采集授粉而不去碰撞或从通气孔飞出去。因而，熊蜂成为温室果蔬如草莓（图5-5）、番茄等的理想的授粉昆虫，尤其为温室内蜜蜂不爱采集的具有特殊气味的番茄授粉，效果更加显著，增产幅度高达30%以上。

图5-5　熊蜂为温室草莓授粉

（二）经济价值和利用情况

熊蜂个体大、吻较长、采集力强，飞行距离5千米以上，对蜜粉源的利用比其他蜂种强，能采集番茄（图5-6）、辣椒、茄子等一些深管花朵的蜜粉源植物，且声震授粉效果显著。利用熊蜂耐低温和耐温性强、趋光性差等特性，在任何季节都可以进行温室蔬菜和作物授粉。用熊蜂给温室蔬菜授粉，授粉率高，成本低，不但可以提高产量，而且可以改善果菜品质，授粉后果实个体大小均匀一致，且果形好，畸形果少，同时可以解决运用化学授粉所带来的激素污染等问题。

目前，熊蜂已可人工饲养，国内已有多家单位开展了熊蜂授粉的科研和推广工作。我国成功应用于授粉的熊蜂种类有小峰熊蜂、密林熊蜂、红

图 5-6　人工驯养熊蜂为温室番茄授粉

光熊蜂、明亮熊蜂和火红熊蜂等。

1. 小峰熊蜂

在中国主要分布于长江以北地区。其群势大、抗逆性强、易于人工饲养、传粉性能优良，具有重要的开发利用价值，可用于对温室茄果类、瓜果类、草莓等授粉，也可为桃、杏等水果授粉。

2. 密林熊蜂

在中国分布广。密林熊蜂吻较长、抗逆性强、群势强大、易于人工饲养，传粉性能优良。可利用的植物范围较广，采集植物包括向日葵、红豆草、毛洋槐、山桃、杏、波斯菊、毛樱桃、草木樨等。

3. 红光熊蜂

在中国分布广，是中国主要研究和应用的熊蜂蜂种之一。红光熊蜂可以在人工巢箱中繁育，非常适合用于蔬菜传粉。采访植物有山桃、毛樱桃、荆条、紫椴、榆叶梅、华北珍珠梅、向日葵、胡枝子等。

4. 明亮熊蜂

主要分布于中国北方地区，是中国主要研究和应用的熊蜂蜂种之一。明亮熊蜂多在海拔 800～1 200 米的小溪边、山坡草地和森林边缘地带筑巢。

通过人工繁育，可以实现一年多代，主要用于对温室中番茄授粉，提高产量、改善果实品质的效果显著。

5. 火红熊蜂

在中国分布广泛。其适应性强、活动周期长，采集的植物种类多达 15 科 49 种，是一种理想的植物授粉者。

六、无刺蜂

无刺蜂别名蚁蜂、小酸蜂。全世界已知无刺蜂有 500 多种，是热带和亚热带地区一种重要的资源昆虫，在中国、尼泊尔、泰国、马来西亚、菲律宾、巴西、澳大利亚、墨西哥、美国等地均有分布。目前在中国发现的无刺蜂有 10 种，主要分布于云南南部和海南岛等地，以黄纹无刺蜂分布最广、数量最多。

（一）品种特征和性能

1. 形态特征

无刺蜂工蜂体长约 5 毫米，少数可达 10 毫米。头、胸呈褐色，头宽于胸，腹部第 1 节背板黄纹，第 2 ~ 5 节为黑色，第 6 节为浅琥珀色。腹部扁圆形，光滑，呈灰色。头部缘面及下表面被细而密的灰白色短毛，两侧缘覆盖琥珀色长毛。腹部被琥珀色短毛。口器发达，中唇舌长，触角短，复眼内缘稍微弯曲，唇基宽大于长。中胸小盾片侧面观凸出，遮于后胸上。翅长明显大于体长，翅痣小，翅脉退化，无亚缘室。工蜂的后足胫节宽，外缘具长毛，形成花粉筐，后足花粉篮内有灰白色的突起，第一跗节呈三角形。

基跗节宽扁，内表面具整齐排列的毛刷，适于对花粉的采集。腹部末端无螫针。故此，无刺蜂具有3个不同于其他蜂的明显特征：翅脉简化不明显；存在阴茎丝；螫刺退化。

2. 生物学特性

无刺蜂蜂王个体大，专职产卵，没有花粉筐和蜡腺。雄蜂个体较大，交配后不久即死亡。工蜂数量因蜂群强盛程度而异，数量从几千只到数万只不等，专司采集花粉、花蜜和哺育后代。无刺蜂营群体生活，能泌蜡筑巢，常把蜂巢筑在地下洞穴中，也有一些无刺蜂在树枝上筑巢。无刺蜂和蜜蜂一样，通过分蜂产生新蜂群，但分蜂过程与蜜蜂略有差异，不同于蜜蜂分蜂时老蜂王离开母群，无刺蜂是年轻处女王离开母群，母女蜂王同巢可持续几周甚至几个月。在云南的西双版纳地区，每年的3~4月是无刺蜂的繁殖盛期，此间容易出现自然分蜂。无刺蜂的蜂巢分为3个区域：一般底部为储蜜区，中部为储粉区，上部为繁育区（图5-7）。蜂巢两端用蜂胶和蜡质材料封严，巢门的出入口多数留在蜂巢的中部，巢门口用透明的蜂蜡做成喇叭状（图5-8），长2~15厘米，口呈扁平状，是无刺蜂采集食物的出入通道，通道从巢门口一直到繁殖区。

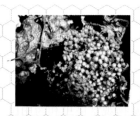

图5-7 即将出房的无刺蜂　　　　图5-8 无刺蜂蜂巢入口

无刺蜂的社会等级分工是由食物和遗传因素共同决定的，无刺蜂的任何受精卵都能够发育成蜂王或工蜂，这主要与发育过程中的食物量的多少有关，当食物量多时受精卵发育成蜂王，食物量少时则发育成工蜂。无刺蜂在交配时蜂王只与 1 只雄蜂受精 1 次，这对于研究无刺蜂的遗传机制提供了便利。大多数无刺蜂的蜂王和工蜂均能繁殖雄蜂，并且产卵工蜂广泛存在于蜂群中，无刺蜂的工蜂可以产两种卵：一种是用来繁殖后代的繁殖卵，另外一种是供蜂王食用的营养卵，在有蜂王的蜂群中，工蜂会尽可能多地产营养卵而不是繁殖卵，以供蜂王取食。无刺蜂所产的营养卵和繁殖卵从形态上可以区别，繁殖卵具有典型图案的绒膜，工蜂通常会在产完繁殖卵后立刻封盖。也有一些无刺蜂的工蜂是完全不育的。

无刺蜂的飞行能力比蜜蜂弱，其工蜂最多只能在离蜂巢 1 千米的范围内从事采集活动。据匡邦郁等在昆明驯养和观察，黄纹无刺蜂活动的最适宜温度在 20℃以上，以 25℃以上活动最强，13℃时才出现冻僵现象，常在飞行中掉落地上。夏天活动高峰期为中午 11 点半至下午 3 点半。对光十分敏感，如用灯光照射巢门，气温低于 10℃以下，也会飞出巢外。

（二）经济价值和利用情况

黄纹无刺蜂体小、灵活，可以深入花管采蜜，充分为农作物、果树和中药材授粉。一些热带国家已人工饲养并利用无刺蜂为农作物授粉。据在昆明观察，常采访油菜、女贞、玉米及一些瓜果类等 20 多种植物。利用无刺蜂为砂仁授粉，增产效果十分显著。

无刺蜂在许多国家作为重要传粉昆虫、宠物观赏昆虫和药用昆虫来应用。据报道，25% 的热带作物可能主要依靠无刺蜂传粉，由于无刺蜂体型微小，非常适用于为深管花的植物进行授粉，可为油料作物、果树、砂仁等授粉，更可以利用它们为大棚授粉，并且能大幅度提高产量。马来西亚、日本和巴西等国利用无刺蜂为多种农作物授粉并取得了良好的效果，巴西和日本对无刺蜂的繁育已进入商品化阶段；由于无刺蜂不蜇人，经人工繁殖后，可向城市中的社区家庭推广，为社区植物授粉，收货蜂蜜，也可作为观赏昆虫。同时，无刺蜂蜂蜜的药用价值，已经在危地马拉、墨西哥和委内瑞拉等国得到了很好的利用。在我国的云南西双版纳，在海南省的万宁、陵水、保亭等县，已有少数群众人工饲养无刺蜂，但是总体来看目前国内对无刺蜂饲养管理技术研究尚处于起步阶段，多数为野生无刺蜂，今后可以驯养作为专业授粉蜂种，用于农作物授粉。其蜂胶的产量较高，也可开发利用。

七、切叶蜂

切叶蜂是蜜蜂总科中长口器的进化类群之一，是重要农、林、牧业植物的重要传粉蜜蜂。切叶蜂同蜜蜂外形相似，但这类昆虫最明显的特征是，它的腹部生有一簇金黄色的短毛。由于它们常从植物的叶子上切取半圆形的小片带进蜂巢内而得名。中国有切叶蜂 100 余种，分布在全国各地，为牧草、果树、蔬菜等传粉。

（一）品种特征和性能

1. 形态特征

切叶蜂体大型或中型，黑色，偶有体色或腹部红黄色，体毛较长而密；切叶蜂口器发达，中唇舌长一般达腹部，下唇具颏及亚颏，上唇长，上颚宽大，一般具 3 ~ 4 齿，唇基端缘直或微圆；头部宽大，几乎与胸等宽。头及胸部密被毛，前翅具 2 个等大的亚缘室，爪不具中垫，一些种类雄性前足跗节宽大而扁平，浅黄色。腹部宽扁，雌性腹部腹板各节具整齐排列的毛刷，为采粉器官，雄性腹部第 7 背板具小齿状凸起或表面凹陷；腹部背板被毛或背板端缘具浅色毛带。

雌蜂具螯刺，但不主动攻击，很少用它，蜇人时只会引起一点疼痛，有利于饲养。雄蜂不具螯刺。

2. 生物学特性和授粉特性

切叶蜂为独栖性昆虫。在自然状态下，交配后的雌性切叶蜂，大都利用比其身体稍大，直径约 7 毫米的天然的孔洞，以及壁蜂、木蜂和其他切叶蜂出巢后留出的空巢、空心的植物枝干等作巢。通常切叶蜂较喜爱在朝南或东南向的巢穴筑巢。切叶蜂的巢穴深度达 100 ~ 200 毫米，呈管状。人工饲养提供的单个巢穴叫"巢管"。每个巢穴由 4 ~ 12 个或更多巢室组成，后代切叶蜂在巢室中发育成长。

交配过的雌蜂在数日内选定巢穴后，先将巢穴清理干净，然后开始采集、筑巢和产卵。筑巢时，切叶蜂到其喜爱的植物上，用宽大的上颚在叶片上切下直径约为 20 毫米的圆形叶片，带回巢穴后卷成筒状，并将其一端封闭，形成巢室。接着，切叶蜂开始采集花粉和花蜜，将它们混合成蜂粮，储于巢室内，并产下 1 枚卵，然后再另切圆形叶片封闭巢室顶部（图 5-9）。第 2 个巢室直接筑于第 1 室上，直至巢穴或巢管造满巢室。当巢穴筑满巢室后，用树脂、木块或泥土封闭巢口。成年切叶蜂的寿命约为 60 天，可筑造 35 ~ 40 个巢室，产 35 ~ 40 枚卵，完成筑巢和产卵繁殖后逐渐死亡。

切叶蜂1年繁殖1～2代。切叶蜂分雄蜂和雌蜂2种，春季雄性切叶蜂先于雌蜂出房，出房后在未出房的雌蜂巢穴上方盘旋飞行，寻找雌蜂交配，雄蜂交配后在几日内死亡。雌性切叶蜂在3～4月出房，出房后即与等候在巢穴周围的雄蜂交配。通常，雄蜂可与几只雌蜂交配，而雌蜂只交配1次。产在巢穴中的卵经过2～3天孵化成幼虫，幼虫取食巢室内的蜂粮不断发育成长，历期约14天。然后以末龄幼虫冬眠越冬，翌年春季化蛹羽化。一般地，雌性切叶蜂在化蛹后5～7天羽化成虫出房，雄性切叶蜂约在化蛹后5天羽化。雌蜂有产卵繁殖后代的能力，也是主要的授粉者，雌蜂交配后从事筑巢、采集和培育后代的工作。一般地，1个巢穴中培育的雌蜂约2/3，雄蜂约1/3。

切叶蜂雌蜂在采集时首先将花朵打开，再钻进花朵内采集，这时切叶蜂腹部在花上擦来擦去将花粉粒粘在绒毛上，当它采集其他花时，以同样的方式进行采集，就将前一朵花的花粉传到了其他花的柱头上，从而为植物传了粉。

图5-9 切叶蜂蜂茧

（二）经济价值和利用情况

切叶蜂喜在气温高于20℃、干燥、有阳光的晴天活动。采花较专一，采集半径在30～50米。切叶蜂主要采集苜蓿花，同时对草木樨、白三叶草、红三叶草等多种豆科牧草也非常喜欢。一些种类的切叶蜂采集苜蓿等豆科牧草的速度极快，据观察每分钟可采苜蓿花11～25朵，传粉效率极高，远非其他种蜜蜂所能比。国外已人工饲养切叶蜂，多用于牧草授粉。

八、壁蜂

壁蜂是一种野生昆虫，全球各地均有分布。目前，全世界已发现的壁蜂有70个种，但被人们驯化利用的不足10种。我国研究开发利用的蜂种有5个种，分别为紫壁蜂、凹唇壁蜂、角额壁蜂、叉壁蜂、壮壁蜂等。其中凹唇壁蜂分布最广，在辽宁、山东、河南、河北、陕西、山西、江苏等地均有分布，角额壁蜂和紫壁蜂主要分布在渤海湾地区，壮壁蜂主要分布于我国南方，叉壁蜂主要分布于江西和四川等地。

（一）品种特征和性能

1. 形态特征

各种壁蜂的共同特征是：成蜂的前翅有两个亚缘室，第一个亚缘室稍大于第二个亚缘室，6条腿的端部都具有爪垫，下颚须4节，胸部宽而短，雌性成蜂腹部腹面具有多排排列整齐的腹毛，被称为"腹毛刷"，而雄性成蜂腹部腹面没有腹毛刷，这种腹毛刷是各种壁蜂的采粉器官。成蜂体黑色，有些壁蜂种类具有蓝色光泽，雌性成蜂的触角粗而短，呈肘状，鞭节为 11 节，雄性成蜂的触角细而长，呈鞭状，鞭节为 12 节，唇基及颜面处有 1 束较长的灰白毛。雌性蜂的体长因蜂种而不同，紫壁蜂体长 8 ~ 10 毫米，角额壁蜂体长 10 ~ 12 毫米，凹唇壁蜂体长 12 ~ 15 毫米，叉壁蜂体长 12 ~ 15 毫米。通常在天然管状洞穴营巢，并用泥土隔离巢室和封闭巢口。

2. 生物学特性和授粉特性

壁蜂多数种类为独栖性昆虫，为典型绝对滞育昆虫。5 种壁蜂均为 1 年发生 1 代。壁蜂的雄蜂在自然界中的活动时间只有 20 ~ 25 天，完成交配活动后死亡。壁蜂的雌蜂在自然界中活动时间为 35 ~ 40 天。在华北地区自然条件下，成蜂在 4 月上旬产卵，幼虫取食时间是 4 月下旬至 6 月上旬，孵化在 6 月下旬。幼虫取食完花粉团并结茧后转为前蛹。角额壁蜂 7 月底至 8 月上旬化蛹，8 月中下旬羽化；凹唇壁蜂 8 月中上旬化蛹，8 月下旬至 9 月上旬羽化；紫壁蜂则是 9 月上旬陆续化蛹，9 月中下旬羽化为成蜂；成蜂的滞育时间为 210 ~ 270 天，以专性滞育状态越秋越冬。成蜂只有经历冬季长时间的低温和早春的长光照，才能打破滞育。当环境温度达到 12℃后，在茧内休眠的成蜂苏醒，破茧而出，开始进行寻巢、交配、采粉、筑巢和繁衍后代等活动。壁蜂茧可在人工低温条件（1 ~ 5℃）进行储存以延长成蜂的滞育时间。

壁蜂是早春活动的昆虫，主要"访问"于春天开花的果树，如苹果（图 5-10）、杏树、梨树、桃树、樱桃等，此外壁蜂也"拜访"大白菜、油菜、草莓、萝卜等植物的花。除上述植物外，紫壁蜂还"拜访"菊科、唇形科等植物的花。

图 5-10　壁蜂 "访问" 苹果花

壁蜂的访花方式为顶采式。壁蜂雌蜂访花时，直接降落在花朵的雄蕊上，头部向下弯曲，用吻管插入花心基部吸取花蜜，同时用腹部腹面的腹毛刷紧贴雄蕊，中、后足蹬破花药使花粉粒完全爆裂，通过腹部的快速运动进行花粉的收集。在采蜜和采粉的过程中，壁蜂的腹毛刷与雄蕊的柱头可完全接触，使腹部携带的大量花粉较易传播到柱头上，达到为植物授粉的作用。

壁蜂的访花速度很快，角额壁蜂的访花速度为 10 ~ 15 朵 / 分，凹唇壁蜂的访花速度为 10 ~ 16 朵 / 分，紫壁蜂的访花速度为 8 ~ 12 朵 / 分；壁蜂日活动时间为 10 ~ 12 小时，因此角额壁蜂和凹唇壁蜂的日访花量可达 6 000 朵以上，紫壁蜂日访花量为 4 000 朵以上。而蜜蜂每分钟访花 5 ~ 8 朵，日访花仅 720 朵。据研究报道，壁蜂访花时与柱头的接触率为 100%。凹唇壁蜂一次访花坐果率达 92.9%，紫壁蜂为 77.6%，意蜂为 42.5%，人工授粉的花朵坐果率为 24.41%，自然授粉为 14%。壁蜂的始飞温度较低，为 10 ~ 11℃，而蜜蜂的活动适温是 20 ~ 30℃，低于 17℃不利于访花授粉，所以壁蜂对早春开花的果树比较适应。连阴天也不影响壁蜂活动，而蜜蜂在阴天时活动显著减少。壁蜂和蜜蜂都不耐高温，超过35℃后，出巢活动的蜂都减少。

（二）经济价值和利用情况

我国对壁蜂的研究和利用较晚，现已人工饲养，用于作物授粉的壁蜂有角额壁蜂、蓝壁蜂、凹唇壁蜂、紫壁蜂和叉壁蜂等，以角额壁蜂和凹唇壁蜂应用最多，主要用于杏、桃、李、梨、苹果等果树的授粉，均取得了显著的经济效益。其中以凹唇壁蜂繁殖快、授粉效果较为理想。

■ 附件　我国主要的蜜蜂育种机构、育种场、种蜂场及蜜蜂保护区

1. 国家级蜜蜂良种繁育团队（按国家投资和所取得的育种成果判定）

（1）中国农业科学院蜜蜂研究所。

（2）吉林省蜜蜂育种场。

（3）浙江大学千岛湖蜜蜂育种场。

2. 主要的省级及重点地区蜜蜂育种场、种蜂场

（1）山西省晋中种蜂场。

（2）辽宁省蜜蜂原种场。

（3）黑龙江省饶河东北黑蜂原种场。

（4）山东省蜜蜂良种繁育推广中心。

（5）江西省种蜂场。

（6）浙江省平湖种蜂场。

（7）陕西省榆林市种蜂场。

（8）甘肃省种蜂场。

（9）新疆维吾尔自治区种蜂场。

（10）新疆维吾尔自治区尼勒克种蜂场。

3. 列入的国家级蜜蜂遗传资源基因库、保护区

（1）由吉林省养蜂科学研究所承担建设的"国家级蜜蜂基因库"成为中国首个蜜蜂基因库（A2202）。

（2）辽宁省蜜蜂原种场建设的"国家级中蜂保种场"（C2117001）。

（3）黑龙江省饶河县东北黑蜂原种场建设的"国家级东北黑蜂保种场"（C2317002）。

（4）陕西省榆林市种蜂场建设的"国家级中蜂保种场"（C6117003）。

■ 主要参考文献

[1] 安建东，黄家兴．河北地区熊蜂物种多样性与蜂群繁育特性 [J]．应用生态学报，2010，21（6）：1542-1550．

[2] 曹联飞，胡福良．中国大蜜蜂生物学特性研究初报 [J]．蜜蜂杂志，2012，4：1-2．

[3] 陈黎红．全球各洲养蜂主产国蜂群数量 [J]．中国蜂业，2016，67：62．

[4] 陈强，王凤贺，杨甫，等．野生无刺蜂（Trigona ventralis Smith）生物学特性及繁养研究初报 [J]．安徽农业科学，2009，37（15）：7035-7036．

[5] 陈勇，李万华，陈俊，等．阿坝中蜂在阿坝生态系统中的特殊地位与保护利用 [J]．四川畜牧兽医，2015，12：10-12．

[6] 高景林，赵冬香，周冰峰，等．海南中蜂资源保护与利用 [J]．中国蜂业，2010，61（2）：33-34．

[7] 葛凤晨，历延芳，柏建民，等．长白山中蜂分布及其生产效率的研究 [J]．中国养蜂，2002，5（6）：4-7．

[8] 国家畜禽遗传资源委员会．中国畜禽遗传资源志——蜜蜂志 [M]．北京：中国农业出版社，2011．

[9] 胡宗文，杨娟，张珑玉．云南省不同生态区域东方蜜蜂形态特征研究 [J]．动物学研究，2011，32（8）：213-219．

[10] 金花，乃比江，泉灵，等．新疆黑蜂遗传资源调查及养殖（一）[J]．农村科技，2009，11：52-53．

[11] 金花，乃比江，泉灵，等．新疆黑蜂遗传资源调查及养殖（二）[J]．农村科技，2009，12：50-51．

[12] 黎阳．新疆黑蜂产业可持续发展对策研究 [J]．安徽农学通报，2016，22（10）：124-125．

[13] 李华，胡宗文，汪正威．云南省中西部地区东方蜜蜂形态特征研究 [J]．云南农业大学学报，2012，27（4）：611-615．

[14] 李继莲，吴杰．无刺蜂的生物学特性及应用 [J]．蜜蜂杂志，2006，8：7-8．

[15]李茂海，丛斌，李建平，等．壁蜂及其在果树授粉中的应用[J]. 吉林农业大学学报，2004，26（4）：422-425.

[16]李志勇，王志．长白山区中蜂资源的保护与利用[J]. 特产研究，2004，4：42-45.

[17]刘剑，刁青云，颜志立．我国蜜蜂良种繁育与推广体系调查分析[J]. 蜜蜂杂志，2013，4：31-34.

[18]刘胜范，王树壮．东北黑蜂演化史概述[J]. 蜜蜂杂志，2016，4：7-9.

[19] 罗岳雄，陈黎红．我国中华蜜蜂饲养现状与建议[J]. 中国畜牧业，2014，24：22-23.

[20]缪正瀛，张世文，申如明，等．浅议西藏发展科学养蜂的前景[J]. 中国蜂业，2008，59（1）：45-46.

[21]牛庆生，薛运波．喀（阡）黑环系，松丹1、2号双交种蜂及其管理要点[J]. 中国养蜂，2003，54（3）：17-18.

[22]彭文杰，黄家兴，吴杰，等．华北地区六种熊蜂的地理分布及生态习性[J]. 昆虫知识，2009，46（1）：115-120.

[23]文家栋，王玉洁，高景林．无刺蜂的研究概况与展望[J]. 环境昆虫学报，2013，35（1）：102-108.

[24]颜志立．第一批国家级蜜蜂基因库、保护区和保种场建立蜜蜂杂志[J]. 蜜蜂杂志，2008，9：11-12.

[25]张祖芸，罗卫庭，宋文菲，等．云南云贵高原中蜂与滇南中蜂形态学初探[J]. 中国蜂业，2014，65：12-15.

[26]张祖芸，杨若鹏，王艳辉．野生小蜜蜂的研究进展[J]. 蜜蜂杂志，2016，8：14-16.

[27]赵平．阿坝中蜂品种资源保护[J]. 中国蜂业，2010，12：31-32.